Practical Technology of
Virus-free Potato Breeding
and Minituber Production

马铃薯脱毒繁育
与微型薯生产实用技术

居玉玲 著

U0344408

化学工业出版社

·北京·

内容简介

本书介绍了马铃薯无性繁育的茎尖剥离、脱毒处理方法、酶联免疫病毒检测方法、生物芯片检测过程，以及以此为基础的马铃薯脱毒核心组培苗的培养及其扩繁步骤和技术，并通过无土栽培措施实现脱毒微型种薯的规模化生产。本书图文并茂，内容主要来自生产实践，不仅有操作性较强的实用技术，还有作者多年从事该领域研究所积累的一些经验技巧，可为马铃薯微型薯生产者和相关研究人员提供参考。

图书在版编目（CIP）数据

马铃薯脱毒繁育与微型薯生产实用技术/居玉玲著. —北京：化学工业出版社，2021.12（2023.9重印）
ISBN 978-7-122-40053-6

Ⅰ.①马…　Ⅱ.①居…　Ⅲ.①马铃薯-脱毒②马铃薯-栽培技术　Ⅳ.①S532

中国版本图书馆CIP数据核字（2021）第206218号

责任编辑：李　丽　　　　　　　　　　文字编辑：李娇娇
责任校对：宋　夏　　　　　　　　　　装帧设计：张　辉

出版发行：化学工业出版社（北京市东城区青年湖南街13号　邮政编码100011）
印　　装：涿州市般润文化传播有限公司
710mm×1000mm　1/16　印张8¹/₂　字数117千字　2023年9月北京第1版第3次印刷

购书咨询：010-64518888　　　　　　　售后服务：010-64518899
网　　址：http://www.cip.com.cn
凡购买本书，如有缺损质量问题，本社销售中心负责调换。

定　　价：69.00元　　　　　　　　　　　　　　版权所有　违者必究

马铃薯是非常重要的粮菜兼用和加工原料作物，也是全营养食物，在扶贫攻坚和乡村振兴中具有不可替代的作用。马铃薯在我国各地均有栽培，常年种植7300万亩（1亩 = 667m²），总产1亿吨左右。但是我国马铃薯生产中存在许多问题，其中健康种薯供应不足的情况一直未能改善。和其他无性繁殖作物一样，马铃薯在年复一年的种植过程中，容易遭受马铃薯卷叶病毒（PLRV）、马铃薯Y病毒（PVY）、马铃薯X病毒（PVX）、马铃薯A病毒（PVA）、马铃薯S病毒（PVS）、马铃薯M病毒（PVM）及马铃薯纺锤块茎类病毒（PSTVd）等7种病毒和类病毒的危害，使种薯退化、优良品种的潜力不能充分发挥，导致单产水平低和商品薯质量较差。

目前应用最广泛而且在农业生产中取得巨大成功的植物脱毒技术，是生物技术中的植物茎尖分生组织培养脱毒技术，也就是马铃薯脱毒种薯生产中常说的"茎尖脱毒"。采用脱毒技术保持种薯健康，应用组培和原原种生产等快速繁育技术生产优质健康种薯，可使马铃薯增产30% ～ 50%甚至成倍增产。

马铃薯脱毒技术于20世纪70年代中后期就在我国成功应

用，于 90 年代脱毒种薯生产技术体系得到了建立和完善，并于 21 世纪初开始大力发展应用于种薯生产中，这极大地推动了我国马铃薯产业的健康发展。但是，脱毒种薯繁育是个复杂的系统工程，包括茎尖脱毒、病毒检测、组织培养、原原种生产、原种生产、一级种生产以及质量控制等环节，从业人员必须掌握各环节的技术。居玉玲研究员长期从事马铃薯茎尖脱毒、病毒检测、组织培养和原原种生产等工作。她在本书中详细介绍了上述各环节的具体技术，以及组培室和原原种无土栽培的基础设施和生产管理要素，并分享了她多年积累的经验和掌握的技巧。本书介绍的相关技术可操作性和实用性强，可为从事马铃薯脱毒微型种薯生产经营者、专业技术人员和研究人员提供参考。

金黎平
2022 年 1 月于北京

前　言

　　马铃薯是粮菜兼用的农作物，也是食品制作和工业加工的原料。马铃薯耐寒、耐旱、耐瘠薄，适应性广，种植起来更为容易，属于"省水、省肥、省药、省劲"的"四省"作物，大部分地区均可种植。马铃薯营养较为全面，有"地下面包"之称，有营养学家说，"每餐只吃马铃薯和全脂牛奶就可获得人体所需要的全部营养元素"。经过几十年的研究与开发，以马铃薯为原料的加工产品得到了空前发展，目前全世界主要的马铃薯加工产品有：薯片、薯条、全粉（雪花粉和颗粒粉）、薯块、淀粉、罐头、去皮薯、薯粒、薯酥、沙拉及化工产品（如乙醇、茄碱、卡茄碱、乳酸）等。但最主要的加工产品仍为淀粉、薯片（天然薯片）、薯条和全粉（颗粒粉和雪花粉）。马铃薯便于种植，加上其营养价值高及具有加工优势，这些有力地促进了马铃薯种植面积的扩大，常年种植面积从20世纪80年代初的4300万亩，已增至目前的7300万亩，居世界首位，为我国四大农作物之一。

　　马铃薯作为无性繁殖的作物，无一例外地要受到病毒的侵染，一旦受到侵染，其自身排除不了，还会遗传给下一代，所以带有病毒的马铃薯绝对不可以作为种源进行繁殖。马铃薯病毒影响马铃薯的正常生长，破坏叶片的光合作用和生理代谢，从而造成减产，影响成品薯质量。因此，为马铃薯市场提供脱毒的马铃薯原原种（脱毒微型种薯），成为种薯产业健康延续最基本、最基础的需求。

马铃薯种薯的生产，首先由国内外育种专家，有性杂交育出优良品种，精心栽培结出实生种子，进行实生苗后代选择，选出农艺性状好、产量高、品质好的后代形成薯块。

在此基础上，采用植物生物技术，保持育种专家所育品种的优良性状，生产原原种。这就是本书要叙述的内容，大致包含以下三部分：

一是将薯块进行茎尖剥离形成脱毒无菌试管苗，采用双抗体酶联免疫吸附法（DAS-ELISA）与生物芯片等检测手段，检测剥离出来的试管苗是否含有造成马铃薯性状退化的病毒、类病毒或其他病菌，若通不过检测，需再次或多次茎尖剥离，剥出更小的叶原基，用药物和高低温钝化处理，直到重复检测3次，均为阴性反应，此类苗才是脱病毒无菌试管苗，有了这样的核心基础苗，即可以用于产业化生产。本书第1章马铃薯无性繁殖中的茎尖剥离及第2章马铃薯病毒病、类病毒病和细菌性病害的检测，介绍了这一部分的具体操作过程及技术要点。

二是有了核心组培苗，采用农业生物技术，在无菌室剪切植株组培，剪切带一片叶的茎节，扦插在MS培养基上，一株苗可以扩繁育出来4或5株苗，可以扩繁多次，直到达到生产计划所需的数量。本书第3章马铃薯组织培养有详细的叙述。一般的种薯企业大都从其他单位引进核心苗，自这一阶段开始扩繁，到生产各级种薯。

三是将组培瓶内的苗拔出来移栽到苗床上，采用无土栽培的方法管理，给予合适的温度、光照、营养液、水和通风等条件，90天左右结出脱毒微型种薯，为马铃薯的原原种。本书第4章马铃薯脱毒微型薯生产程序为这部分的设施和管理要素提供了具体的参考。

在整个种薯产业中，脱毒微型种薯的生产是整个产业的龙头，基础中的基础，尤为重要。随着马铃薯种植面积的扩大，马铃薯种薯生产企业的数量和规模也在增长，各个企业所掌握的原原种生产技术参差不齐。本书从茎尖剥离、检测、组培到微型薯生产，描述了整个微型薯生产的程序，并将三十年来笔者在生产中遇到的问题和累积的经验与同行们分享，希望对大家有所启示，为马铃薯产业的健康发展尽绵薄之力。

居玉玲

2022年1月

目 录

第 3 章
马铃薯组织培养

第 4 章
马铃薯脱毒微型薯生产程序 ························· 079

第1章

马铃薯无性繁殖中的茎尖剥离

1.1 茎尖剥离的意义

马铃薯利用它的块茎进行无性繁殖，种植世代多了以后往往会感染病毒而减产。因此，可以利用薯块的芽尖进行组织培养，获得无病毒组培苗。首先在大田选择农艺性状好、抗逆性强、高产的单株薯块，为组培外植体，然后通过茎尖剥离、钝化脱毒处理和检测手段，筛选获得无病毒、无类病毒、无真菌和无细菌病害，而又保持原品种特性的核心组培苗，用于组培苗的扩繁。例如20世纪80年代农业部从荷兰引进的马铃薯品种费乌瑞它（Favorita），各地引进后，有些就在当地或异地进行了品种审定，如山东省农业科学院蔬菜研究所1991年通过山东省农作物品种审定委员会认定，定名为"鲁引一号"；天津市农科院蔬菜所2002年通过山西省农作物品种审定委员会认定，定名为"津引薯8号"（晋审薯2002001）等。该品种作为我国菜薯的主栽品种之一，经过二十多年，不同地方引进的株系在商品外观、植株、结薯率、产量等方面产生了一定的差异，但是基本特征差异不大，黄皮、黄肉、芽眼浅和生育期中早熟。这些差异优劣的比较，以及选优扩繁的工作，对于马铃薯品种的提纯复壮、提高品质和产量至关重要。由于马铃薯为无性扩繁作物，且其顶端优势较为突出，马铃薯茎尖剥离技术成为选择和延续优良种薯特性的首选，也是解决品种退化、脱去病毒的最快捷有效的方法，有助于同一品种不同株系在实际生产中进行选育开发，迅速形成生产力。

1.2 茎尖分生组织培养脱毒原理

茎尖分生组织培养以带有1～3个叶原基的茎尖为外植体，经过愈伤组织的分化而形成再生植株。一株被病毒侵染的植株并不是所有细胞都带有病毒，越靠近茎尖和芽尖的分生组织病毒浓度越小，并且有可能是不带病毒的。原因：① 分生组织旺盛的新陈代谢活动。病毒的复制须利用寄主的代谢过程，因而无法与分生组织的代谢同步活动与竞争。② 分生组织中缺乏真正的维管组织。大多数病毒在植株内通过韧皮部进行迁移，或在细胞与细胞之间通过胞间连丝传输。且细胞到细胞之间的移动速度较慢，快速分裂的组织比病毒的复制速度快。③ 分生组织中高浓度的生长素可能影

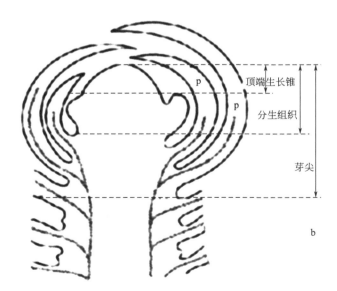

图1-1　茎尖结构示意图

p—分生组织；
b—顶芽及其部分的截面图

响病毒的复制。因此，在茎尖组织培养方法研究中发现了一个明显的规律，茎尖大小对脱除病毒有影响，茎尖长度越小病毒含量越少，脱毒效果越好，但不易成活。因此，我们在剥离工作中，应尽量将茎尖剥离切成0.2mm左右，同时采用药剂和变温方法来处理，尽可能较快地得到健康植物，图1-1是茎尖结构示意图。

1.3 适合马铃薯茎尖剥离的四种培养基

① MS+NAA 0.5mg/L+6-BA 0.1mg/L；

② MS+IAA 0.5mg/L+KT 0.04mg/L；

③ MS+KT 0.4mg/L+GA_3 0.2mg/L+NAA 0.1mg/L；

④ MS+NAA 0.2mg/L。

注：

NAA为萘乙酸；6-BA为6-苄基腺嘌呤；IAA为吲哚乙酸；KT为激动素，化学结构为6-呋喃甲基腺嘌呤；GA_3为赤霉素。

1.4 马铃薯茎尖剥离

1.4.1 茎尖剥离程序

选择品种（系）农艺性状典型、健壮、没有明显病毒症状的单株，用挂牌作标识，到收获时取其所结的块茎，先用小毛刷刷洗干净后，用小纸箱装好，单收单藏，自然通过休眠期或采取人工打破休眠期。人工打破休眠期：块茎在恒温培养箱35℃，每天光照16h，光照强度2000 lx，放置30d左右后，用赤霉素溶液（浓度在百万分之十至百万分之二十，即 $10 \sim 20 \times 10^{-6}$）浸泡20～30min，做催芽处理。赤霉素溶液的配制：若配制20×10^{-6}的赤霉素溶液，应先配100mL 2000×10^{-6}的母液［称0.2g GA_3（赤霉素）用酒精与水稀释定溶于100mL］，使用时取10mL母液，稀释至1000mL。

整薯出芽眼时，将薯块放在有光处（光照强度大约为3000 lx），出的芽比较坚挺，取芽时，比较容易操作（图1-2）。从薯块上取下的芽，放入玻璃烧杯内，先用淡淡的加酶洗衣粉浸泡1～2min，同时不停振荡，冲刷芽上的尘土，然后在烧杯上扎块纱布，放在水龙头下，采用小水流冲洗，持续冲洗2h或3h，然后控干水，送达无菌工作室。无菌工作按照常规，提前灭菌消毒。通常二人配合操作比较快，一人打下手，看外植体消毒时间，绑扎试管或瓶口、标号记录。另一人具体操作，第一步在超净台内先用75%酒精浸泡30～45s，并不断震动，75%的酒精作用到芽的每个部位。第二步用无菌水冲洗3遍，控净水。第三步根据不同的品种和芽尖的大小，用0.1%升汞（$HgCl_2$）浸泡并不断晃动1.2～1.5min，或在5%漂白粉[$Ca(ClO)_2$]液中浸泡5～10min，或10%次氯酸钠（$NaClO$）浸泡5～10min，药剂浓度和浸泡时间应根据需要而定（通常先要做预备试验）。第四步无菌水清洗4～5次，将外植体放在高压灭菌过的滤纸上吸干水，滤纸在使用前，用镊子夹住滤纸在酒精灯上，转圈烤一下，能充分吸走外植体上的水分，降低污染率。第五步在40倍的立体双筒解剖镜下（图1-3），用消过毒的刀剥取尽量小的生长点或叶原基，将直径0.1～0.3mm、带1～2个叶原基的茎尖分生组织[图1-4（a）、图1-4（b）]，移植于诱导培养基中培养。

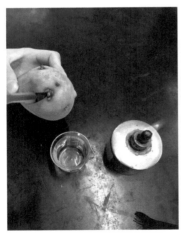

图1-2　取芽

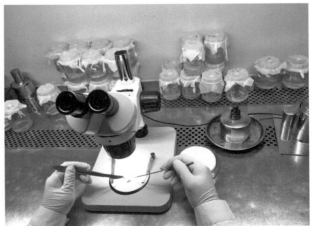

图1-3　双筒解剖镜下的茎尖

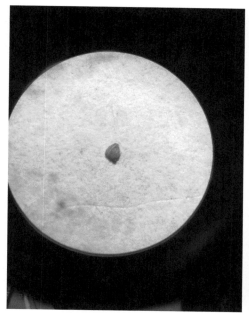 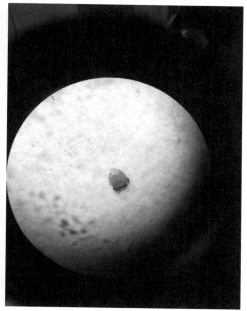

（a）紧抱的分生组织　　　　　　　　（b）叶原基散开的分生组织

图1-4　放大40倍的茎尖分生组织

1.4.2　剥离前的准备

物品：滤纸、若干个小烧杯（每一个剥离芽配备2个小烧杯，1个用于乙醇处理，1个用于升汞处理）、大烧杯（通用、存放废弃物）、剪刀、镊子、剥离专用针和手术刀、无菌水（用三角瓶盛桶装水，不能太满，占容器的三分之一；pH不超过7，EC值在10mS/cm以下）。

灭菌：培养皿（已装入滤纸）、器械手术刀和专用工具、不同大小的烧杯或放废弃物的大烧杯均用牛皮纸或报纸包好，放入高压灭菌锅内灭菌（图1-5），所有物品提前灭菌，在操作前送往超净台（图1-6）。

试剂：75%乙醇、0.1%升汞或10%次氯酸钠。

图1-5　准备灭菌的器械

图1-6　灭完菌备用的器械

1.4.3　培养基制作

首先是植物激素的配制，将通常用的植物生长素和分裂素统一配成10%的浓度（即1mL溶液含0.1mg激素），通常配100mL。放剥离茎尖的培养基比放组培苗的培养基略软点为佳，每升培养基比标准MS培养基少放0.5g凝固剂，pH值在5.8～6。

图1-7　MS培养基上的生长点

1.4.4　普通培养条件

培养温度：白天24℃左右，晚上18℃，上下浮动不超过1℃。

光照长度：白天24℃保持14h，晚上保持10h，光照变化与温度变化同步。

光照强度：在愈伤组织形成和出生长点时光照强度在1500～2000lx，通常在瓶上盖张报纸。

每隔3～5d观察一下，先长出愈伤组织，然后长出生长点，再抽出茎叶，应及时剪出生长点，转移到MS培养基上（图1-7）。

通常，在本章第1.3节提供的培养基上培养，一个剥离的叶原基就产生一个芽，若一个叶原基产生多个芽，就不予采用以免有变异。等芽生长成能分清茎叶时，可剪出二叶一心的生长点，逐渐单株扩繁，等繁殖出4株苗以上，可以进行第一次检测，采用双抗体酶联免疫吸附测定法（DAS-ELISA）检测8种病毒和1种细菌：PVX、PVY、PLRV、PVM、PVS、PVA、烟草花叶病毒（Tobacco mosaic virus，TMV）、番茄斑萎病毒（Tomato spotted wilt virus，TSWV）和马铃薯环腐病病菌；利用植物生物芯片（Genetop PVB kit）检测7种病毒、1种类病毒和4种细菌：PVA、PVM、PVS、PVX、PVY-O、PVY-N、PLRV、马铃薯帚顶病毒（PMTV）、PSTVd（类病毒）、马铃薯环腐病病菌（Cms）、马铃薯青枯病病菌（Rs）、马铃薯软腐病病菌（Ech）和马铃薯黑胫病病菌（Ecs、Eca或Ecc）。每间隔3周左右继代繁殖1次，检测 1 次，继代繁殖3次，连续检测3次，才能通过，并在大田进行农艺性状的观察，符合品种特性，可以安全地作为核心苗，扩大繁殖，用于生产。

特别提示：当茎尖剥离操作结束，凡是茎尖剥离、变温处理和检测苗所用的器械、烧杯容器等都需及时用洗衣粉清洗后灭菌，将超净台面收拾干净，并每10L水放12片"爱尔施"牌消毒片或75%乙醇喷雾台面，用面巾纸或毛巾擦抹干净，以免交叉感染。

1.4.5　组培苗需检测的病害

马铃薯X病毒（Potato virus X，PVX）；

马铃薯Y病毒（Potato virus Y，PVY）；

马铃薯S病毒（Potato virus S，PVS）；

马铃薯M病毒（Potato virus M，PVM）；

苜蓿花叶病毒（Alfalfa mosaic virus，AMV）；

马铃薯卷叶病毒（Potato leaf roll virus，PLRV）；

马铃薯A病毒（Potato virus A，PVA）；

马铃薯帚顶病毒（Potato mop-top virus，PMTV）；

马铃薯纺锤块茎类病毒（Potato spindle tuber viroid，PSTVd）；

细菌性青枯（Rs）（*Ralstonia solanacearum*）、细菌性环腐（Cms）（*Clavibacter michiganense* subsp. *sepedonicus*）、细菌性软腐（Ech）（*Erwinia chrysanthemi*）和细菌性黑胫（Ecs）（*Erwinia carotovora* subspecies *atroseptica*，*Erwinia carotovora* subspecies *carotovora*）。

1.4.6　变温和药物钝化处理

据文献报道马铃薯无性繁殖中茎尖脱毒可采用物理电流处理法、超低温冷冻处理方法（如包埋脱水冷冻法、包埋玻璃化冷冻法和液滴冷冻法）、变温处理方法、化学药物处理。本章节重点阐述变温处理与化学药物处理相结合的方法脱掉马铃薯病害，从而获得无病毒病、无真菌病、无细菌病的健康核心苗。

变温处理的原理（Dawson和Coworker的研究报道）：当植株在40℃高温处理时，病毒和寄主RNA合成都是较为缓慢的，而植物正常生长能适应的极限温度为42℃，当温度达25℃时，植物完全恢复正常生长状态，而有些病毒在高温下，逐渐钝化消失。当高温与正常温度交替处理时，对组培苗正常生长影响不明显，从而提高脱毒效率。药物处理的原理：用化学物质的成分干扰病毒复制所需的RNA的代谢，利巴韦林（病毒唑）属合成核苷类药物，对许多病毒DNA和RNA合成有抑制作用。

1.4.6.1　无菌苗的再次剥离

薯块的首次剥离可获得两种可能的剥离苗：一种剥离苗首次剥离成功并通过检测，进入程序的下一步，重复检测，直至成为核心苗。另一种剥离苗未通过检测，组培苗为无菌苗，但未完全将病毒脱干净，并存在已知的病毒，这种状况需要开展再次剥离，采用药物与变温的方法处理再次剥离的茎尖。这次的剥离是从无菌的组培苗的生长点或腋芽上获得茎尖（无需外植体消毒这个环节），只带一个叶原基，大小在0.1～0.15mm[图1-8（a）和图1-8（b）]，置于加药物的培养基上，腋芽上剥离的叶原基，通常不产生愈伤组织，直接慢慢成苗（图1-9）。

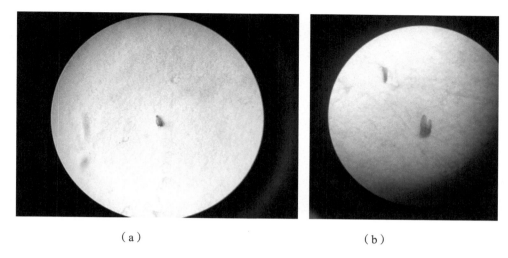

（a） （b）

图1-8 放大 40 倍的二次剥离的叶原基

图1-9 慢慢成苗的叶原基

1.4.6.2 药物处理

常规的茎尖剥离获得的试管苗脱毒率不能达到百分之百，通过检测手段，得知第一批试管苗脱毒情况或继续含有病毒病，需开展进一步的脱毒工作。可在剥离培养基配方中加入利巴韦林（病毒唑）40～60mg/L。

1.4.6.3　变温处理

将剥离好的茎尖放入生长箱中培养，生长箱的条件设置在25℃，20～21h；40℃，4～5h，其中1500～2000 lx光照12h，黑暗12h，钝化时间在4～6周（图1-10）。

用组培苗再次剥离的茎尖相对更小些，在相对细胞生长素高些的培养基上，可以产生极少量的愈伤或不产生愈伤，而形成组培苗（图1-11）。

图1-10　生长箱　　　　　　　　图1-11　形成组培苗的茎尖

通常再次剥离，采用药物与变温处理相结合的方法，能脱干净PLRV（马铃薯卷叶病毒）、PVY（马铃薯Y病毒）、PVX（马铃薯X病毒）、PVM（马铃薯M病毒）、PVA（马铃薯A病毒）、PMTV（马铃薯帚顶病毒）等病毒，脱毒率在99%。唯独PVS（马铃薯S病毒）再次剥离，采用药物与变温处理相结合的方法的脱毒率在80%左右。因此，在对待含PVS病毒的茎尖需不断继续剥离钝化、成苗、检测、再循环，同时不断调整杀病毒药剂的浓度和延长钝化时间，有些材料连续剥离钝化处理多次仍达不到理想的效果。在再次剥离小芽后，进行变温钝化处理，钝化4～6周后，剥离小芽出温箱，采用两条途径，一是直接送到培养室，慢慢成苗，达到检测重量标准。

二是钝化处理后，再次将茎尖切小，只剩分生组织，再送到培养室，成苗后送至检测。第二种途径脱PVS病毒率比第一种高，但是对成苗率有些影响。因此需继续在茎尖的大小、钝化时间和药物上探索，直到成功。此种现象可能与此品种特性和生长速度有关，需进一步探讨研究。曾有个含PVS病毒的品种经历了多次反复剥离和钝化处理，花了两年多时间，才通过重复3次检测，获得健康脱毒苗。据文献报道马铃薯PVS病毒脱毒较难，剥离带有2个或3个叶原基的茎尖均不能脱毒，只有剥离带有1个叶原基的茎尖，茎尖长度在0.14～0.19mm之间才能脱除S病毒，实际操作中，茎尖长度在0.10～0.12mm，也不一定能达到99%脱毒率。绝大部分病毒不侵染植株分生组织的细胞，但实际情况表明马铃薯S病毒在生长点很近处也有分布，茎尖切取时间和茎尖切取大小不是很有规律可循。

实际工作中，可以得出剥离茎尖的大小与成苗率和脱毒率有密切的关系。茎尖切得越大，其成苗率越高，脱毒率相对低；茎尖切得越小，其成苗率越低，脱毒率相对高。同时不同品种对激素反应有所差异，使用的激素种类和浓度不能一概而论，需勤观察、勤调整。

1.4.6.4 茎尖剥离苗出现异常的案例

（1）剥离苗有叶有茎，叶发紫，不长根（图1-12）。原因：茎尖剥离时，一是茎尖切得过大，维管束吸收养分；二是培养温度偏低，不利于长根；三是光照强度超过了茎尖剥离光合作用的强度。改进措施：将二叶一心的生长点剪下来，移入普通的MS培养基上，培养条件为光照强度2000 lx、长度14h，黑暗温度18℃，有光温度24℃。

（2）由于品种间特性存在差异，和采用的培养基配方的不同，在做

图1-12 叶发紫、不长根的剥离苗

茎尖分化生长成苗的过程中，产生的愈伤组织偏多，愈伤组织是一团无序生长的薄壁细胞，过多的愈伤组织出苗很慢，图1-13（a）是一个彩色马铃薯的剥离茎尖，图1-13（b）是与之比较的正常愈伤组织。出现这类情况一是品种薯块自身处于不同时期，内源激素发生变化所致；二是培养基配方内细胞分裂素与生长素的用量不当所致。改进措施：切除四周过多的愈伤组织，留下靠近生长点的部分愈伤组织，并将带生长点的愈伤组织移入细胞生长素略高于细胞分裂素的培养基。

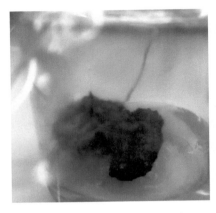 

（a）愈伤组织偏多的剥离茎尖　　　　　（b）愈伤组织正常的剥离茎尖

图1-13　含愈伤组织的剥离茎尖

（3）在观察茎尖剥离苗生长过程中，会出现连续两周没有变化，保持原状，不生长，有的甚至变黄（图1-14）。原因：一是培养基不合适或植物激素失效；二是在药物和变温相结合的方法处理下，剥离后生长的苗比较弱，不能忍受药物的处理。

针对（3）中两种原因造成的现象，都可以采取将剥离的小组织移入新的培养基中的措施，第一种没分化出来的茎尖组织移入含激素的培养基中，继续生长。第二种刚形成变黄的苗，剪取二叶一心，移插到普通的MS培养基上，两周后组培苗能正常生长了，打生长点，重复转接至MS培养基上，组培苗即能健壮成长（图1-15）。

图 1-14　连续两周没有变化
的茎尖剥离苗

图 1-15　重复转接到 MS 培养基上
健壮成长的组培苗

1.4.6.5　薯块高温处理脱毒法

有文献报道将薯块放入 35 ～ 37.5℃ 的条件下 32 ～ 40d 能脱去马铃薯病毒病。37.5℃ 处理马铃薯薯块 25d 能脱去 PLRV。32 ～ 35℃ 处理马铃薯薯块 32d 或 40d 能脱去 PVX 和 PVS。将高温处理的薯块，再进行茎尖剥离、成苗、检测。这种方法的脱毒率远远不如先剥离茎尖，再钝化和药物处理的脱毒效果好。

第 2 章

马铃薯病毒病、类病毒病和细菌性病害的检测

按照最新版本马铃薯脱毒微型种薯生产（原原种）国家标准，结合现实情况，需检测的病毒、类病毒和细菌性病害，其外文名称对照请参考本书第1章1.4.5节。

常用的检测方法有双抗体酶联免疫吸附法（DAS-ELISA）、马铃薯病原芯片检测法，以及马铃薯纺锤块茎类病毒的往复聚丙烯氨酰胺凝胶电泳检测技术等。

2.1 双抗体酶联免疫吸附法(DAS-ELISA)

2.1.1 采样

组培苗采样标准：每季扩繁组培苗前，先选择生长健康、无任何杂菌的苗建立核心苗，将核心苗分成单株或以单瓶为单位，剪下带生长点的二叶一心扦插在MS培养基上继续扩繁一代（图2-1），植株的其余部分送去做病毒和类病毒的检测（图2-2）。根据检测结果编号记录，部分在组培室做成

试管苗继续保存，大部分用于当季继续扩繁，满足生产用苗，原则上每棵组培苗的母苗，都需通过病毒和类病毒的检测。

图 2-1　带生长点可继续扩繁的组培苗

图 2-2　送检的组培苗

脱毒微型种薯生产过程中，采样时间分两次，一次组培苗移栽后40天左右，采样部位为上、中、下3片样，温度以在12～25℃之间为宜，超过28℃或低于10～12℃时，由马铃薯X病毒（PVX）引起的花叶症状常常不能被检测出来。马铃薯卷叶病毒（PLRV）在连续36℃的条件下，被自然消除。通常在上午7点到10点之间采样比较合适。样品采回后置于低温下，统一编号，每个样品分设两份，一份送实验室检测，一份送到−18℃的低温冰箱保存备份。第二次采样是采集收获后的脱毒微型种薯，将微型薯催芽种植于温室，用酶联免疫吸附法二次检测微型种薯的脱毒状况，或采用马铃薯病原芯片直接采取脐部的块茎检测病毒与类病毒。根据微型薯块检测结果与生长期植株检测结果综合评估该批微型薯的脱病毒病和细菌病害的状况，以保证脱毒微型种薯的质量。

采样标准：产品在100万粒以内（含100万粒）为万分之二，100万粒以上，抽样标准为万分之一点二。

微型薯叶片采样方法：五点采样法和等距采样法。

五点采样法：在总体中按梅花形取5个采样点（图2-3），采样点在整个温室和大棚分布比较均匀，采样点长和宽要求一致，这种方法适用于调查植物个体分布比较均匀的情况。例如整个温室移栽10万株苗，5个采样点，每个点采4个样本，共计10个样本，采样标准为万分之二。

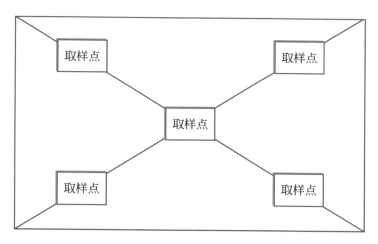

图 2-3 五点取样法示意图

等距采样法：

例如，长条形的总体为 100m 长，如果要等距抽取 10 样方，那么抽样的比例为 1/10，抽样距离为 10m，然后可再按需要在每 10m 的前 1m 内进行取样，样方大小要求一致（图 2-4）。

图 2-4 等距采样法示意

说明：采样方法的两种边角统计方式如图 2-3、图 2-4（红色为需统计边线）。如果刚好在两格边缘上，相等的距离遵循取左不取右、取上不取下的原则。五点采样法亦采取相同的原则。

2.1.2 双抗体酶联免疫吸附法操作规程

2.1.2.1 加样和洗板标准

每个酶联孔使用的包被血清、样品提取液、酶标血清、洗涤缓冲液用量统一，采用全自动洗板机洗板或人工洗板，每次洗板4遍，每遍间隔

3min。酶联板横向8行，竖向12行，共96孔，在右上方第一行，设空白、阴性和阳性对照各两个，每板可测90个样品，温育条件为在温箱37℃条件下温育2～4h，或在冰箱内4～6℃条件下过夜。

2.1.2.2 试剂的配制与保存期

检测用血清和酶标血清采用国际马铃薯中心（CIP）、美国Agdia Inc、德国Loewe生化技术公司或国家相关单位提供的血清和生物试剂。以原液保存，稀释后的血清和酶标血清在4℃的条件下保存1周。其他各类试剂和缓冲液按照酶联免疫吸附法（DAS-ELISA）的要求配制，包被缓冲液在4℃的条件下保存18周，样品提取液在4℃的条件下保存两月，PBST洗涤缓冲液在4℃的条件下保存6个月，底物缓冲液在4℃的条件下保存18个月。底物现用现配。所有配制好的试剂要标明日期，过期试剂弃之不用，以免影响试验结果。

缓冲液配制和缓冲液组成成分如下文介绍：

① 包被缓冲液（1×） 用1000mL蒸馏水稀释以下物质。

碳酸钠（无水）：1.59g

碳酸氢钠：2.93g

叠氮化钠：0.2g

调整pH值到9.6。

② 10倍PBST缓冲液 用1000mL蒸馏水稀释以下物质。

氯化钠：80.0g

磷酸氢钠（无水）：11.5g

磷酸二氢钾（无水）：2g

氯化钾：2g

吐温20：5g约4.1mL

调整pH到7.4，4℃下贮存。

由于PBST缓冲液用量大，配成10倍缓冲液，使用时，稀释成1倍使用。

③ 酶标缓冲液 用100mL 1倍的PBST稀释以下物质。

加入脱脂奶粉 0.4g，搅拌30min，调pH值到7.4，4℃下贮存。

④ PNP底物缓冲液（1×）　先用750mL蒸馏水稀释以下物质。

六水氯化镁：0.1g

叠氮化钠：0.2g

二乙醇胺：97mL

调节pH值为9.8，再用蒸馏水定容到1000mL，4℃下贮存。

注：

采用棕色瓶。

⑤ 样品提取液　用1000mL 1倍的PBST溶解以下物质。

无水亚硫酸钠：1.3g

聚乙烯吡咯烷酮（PVP）：20.0g

叠氮化钠：0.2g

鸡蛋清粉：2.0g

吐温20：20.0g约16.4mL

调整pH值到7.4，4℃下贮存。

注：

在常温条件下，边加药边搅拌，防止沉淀。

使用时，可把10×PBST采用蒸馏水稀释成1×PBST，其他用量大的缓冲液，也可如此配制。HCl调至pH值9.8。可用1moL/L NaOH调pH，配制方法为称取40g NaOH加入1L水中，也可称4g NaOH溶于100mL水。

酶联免疫吸附测定通常采用蒸馏水配缓冲液，也可以采用水森活（冰露商标）或沙漠王子桶装水（该品牌水EC值和pH值比较稳定）。

缓冲液的pH值对试剂使用是有影响的，需要掌握pH仪的使用，注意多读仪器说明书，切记探头不能空烧，仪器打开后探头不能离开液体，不使用时探头浸泡在KCl溶液中，若发现仪器不很准确，可用标准校准液校准，混合磷酸盐pH值6.84和邻苯二甲酸氢钾pH值4.03，Standardize线在95%以上。同时注意测试液温度不能过高，以室温为宜。使用前或后，在关机状态下冲洗探头，并用吸纸吸干，将探头浸泡在KCl溶液中。

2.1.2.3　操作程序

采用双抗体酶联免疫吸附法（DAS-ELISA）检测马铃薯病毒病（检测程序详见附件1）。

① 特异性抗体（IgG）包被酶联板（或称微量滴定板），简称包板　用包被缓冲液将抗体（IgG）或称之包被血清，稀释到一定的工作浓度，分别

用微量加样器滴加到酶联板的孔内，每孔200μL，在温箱37℃条件下温育2～4h，或在冰箱内4～6℃条件下过夜。具体稀释倍数和加样量需根据供货商提供的生物制剂的使用浓度来衡量，有些生物制剂使用量统一定在每孔100μL。

② 样品的制备　被测样品放在研钵内或塑料袋内，加入样品提取液1.4～2mL，研磨破碎植物组织，提取汁液。大而粗壮的样品研磨后，可用转速3000r/min离心机离心10min，取上清液加样。

③ 洗板和加样　用PBST洗涤缓冲液冲洗已包被的酶联板（步骤①做好的酶联板），洗板4遍，每遍3min。然后加研磨好的样品，每孔加样200μL。同时设空白、阴性和阳性对照各两个，在温箱37℃条件下温育3～4h，或在冰箱内4～6℃条件下过夜。

④ 洗板和加酶标抗体　洗板方法同上，冲洗4～5遍，冲洗到无样品提取液的绿色，这一步需认真做到位，否则，最终反应结果会不清晰。然后将酶标抗体稀释到所需浓度，每孔加200μL，并在同上的条件下温育。

⑤ 洗板和加底物　洗板方法同上，冲洗4遍，每孔加200μL底物，32℃左右保温显色。空白对照不加酶标抗体，加底物。

⑥ 加终止液和读取结果　酶标板有颜色反应后，加终止液，用酶标仪读数，判断检测结果。用碱性磷酸酯酶标记抗体，酶标仪光波区域为405nm（图2-5），用辣根过氧化物酶标记抗体，酶标仪光波区域为492nm。

图2-5　显示检测结果的酶标板

⑦ 撰写病毒检测报告 检测报告内容包括检测病毒种类、检测方法、血清来源和稀释倍数、检测样品来源、取样部位、样品排列顺序、病毒种类的定性和定量。

马铃薯细菌病害的酶联免疫检测法亦可参照以上程序。

2.1.3 双抗体酶联免疫吸附法病毒含量判定标准和依据

双抗体酶联免疫吸附法的基本原理，首先将抗原或抗体结合到某种固相载体表面，并保持其免疫活性，然后使抗原或抗体与某种酶连接成酶标抗原或抗体，这种酶标抗原或抗体既保留其免疫活性，又保留酶的活性。在测定时，把受检标本和酶标抗原或抗体按不同的步骤与固相载体表面的抗原或抗体起反应，用洗涤的方法使固相载体上形成的抗原抗体复合物与其他物质分开，因此，洗涤缓冲液配制和洗涤方法需正确，最后结合在固相载体上的酶量与标本中受检物质的量成一定的比例。加入酶反应的底物后，底物被酶催化变为有色产物，产物的量与标本中受检物质的量直接相关，由于酶的催化效率很高，故可极大地放大反应效果，从而使测定方法达到很高的敏感度。故可根据颜色反应来判断是否含病毒，通常有颜色反应的样本即表明检测标本中有病毒，无颜色反应的样本为无病毒。

病毒含量的判定。通常加入酶反应的底物后，10 ~ 20min 内酶就起催化反应，用肉眼也能判断标本中是否含病毒。无颜色反应的即为阴性标本，有颜色反应的即为阳性标本，但是肉眼不能对标本中病毒含量多少做定量分析。因此，采用自动多功能酶标仪测得读数，酶联仪依据所呈颜色的深浅，打印出 OD 值数据，以"+""-"号表示。

阳性数值的设定（Limit），采用美国阿格迪（Agdia）生物技术公司提供的血清系列，包括阳性对照、酶联板、脱脂粉等，试剂比较稳定，以碱性磷酸酯酶标记抗体，酶标仪光波区域为 405nm，无色或极浅的底色的 OD 值在 0.010 ~ 0.099 之间，而有色反应的 OD 值大约在 0.250 以上，因此将阳性 OD 数值定在 0.250。以检测马铃薯 Y 病毒的数据分析（图 2-6），85 个阴性反应样孔的 OD 值在 0.016 ~ 0.099 之间，而 5 个阳性反应的样孔的 OD 值在 0.848 ~ 1.782 之间。阴性反应最大 OD 值 0.099 和阳性反应最小 OD 值

0.848 之间有个很大的数据空间，足能辨清阴性和阳性反应。在实际操作中，只要试剂合格，按照操作规程操作，得出的结果会很清晰。

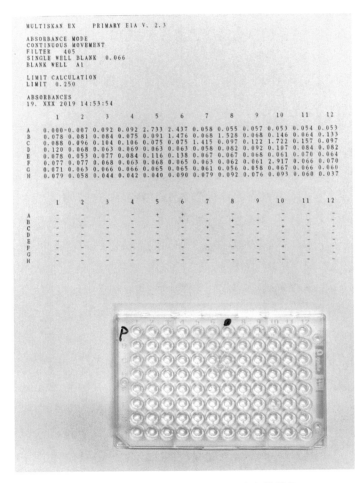

图 2-6　90 个样品测马铃薯 Y 病毒的数据

阴性对照：通常采用健康的试管苗，试管苗测得的OD值比较小，在0.03左右，而大田的健康植株的OD值在0.08左右。阴性对照是个参考数据，不能作为设阳性对照的绝对标准，因为阴性对照OD值偏小，该数值的2倍或2.1倍仍观测不到有颜色反应，另外不同生长期植株的OD值是不同的。无论采用试管苗还是温室内健康植株作阴性对照，都不会影响阳性和阴性反应的判断。

[附：检测程序]

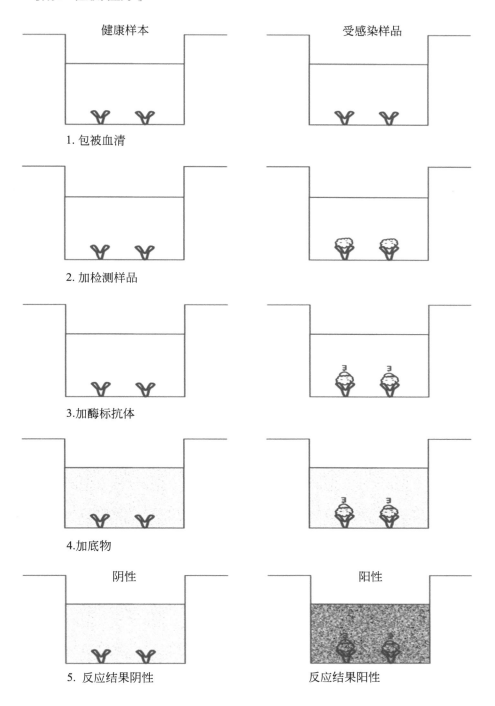

健康样本　　　　　　　受感染样品

1. 包被血清

2. 加检测样品

3. 加酶标抗体

4. 加底物

阴性　　　　　　　　　阳性

5. 反应结果阴性　　　　反应结果阳性

2.2 马铃薯病原芯片检测法

病原芯片利用提取植物细胞核酸PCR扩增的方法检测马铃薯的病毒病、类病毒病和细菌性病害。目前的芯片可一次检测常见的几种病毒：PVA、PVM、PVS、PVX、PVY-O、PVY-N、PLRV、PMTV和PSTVd，以及Rs（细菌性青枯）、Cms（细菌性环腐）、Ech（细菌性软腐）和Ecs（Eca或Ecc）（细菌性黑胫）。

实验操作流程：

步骤一　病原核酸快速提取：利用试剂将马铃薯组织中的细胞打破，提取病原的核酸。

步骤二　RT-PCR：经由PCR仪器将病毒生物片段扩增230倍。

步骤三　杂合反应：利用芯片上的特异性探针获取病毒信号，用以鉴定检测结果。

步骤四　结果判读：利用肉眼或判读仪直接进行生物芯片结果判读[图2-7（a）、图2-7（b）]通常病原芯片供应商在诊断盒内附有详细的操作流程。

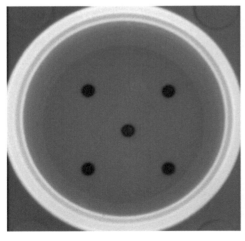
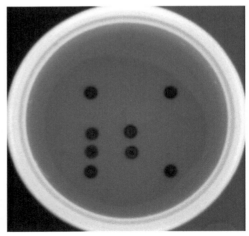

（a）无病毒　　　　　　　　　　（b）有病害

图2-7　生物芯片结果

2.3 马铃薯纺锤块茎类病毒的往复聚丙烯氨酰胺凝胶电泳检测技术

2.3.1 试剂及制备

2.3.1.1 核酸提取缓冲液

0.53mol/L 氨水（NH₄OH）；0.013mol/L 乙二胺四乙酸钠（Na₂-EDTA），用三羟甲基氨基甲烷（Tris）调为 pH 7.0；4mol/L 氯化锂（LiCl）。

2.3.1.2 10×电极缓冲液

0.89mol/L Tris，0.89mol/L 硼酸，2.5mmol/L Na₂-EDTA，pH 8.3。

2.3.1.3 载样缓冲液

60mL 1×电极缓冲液加 40mL 丙三醇，含 0.25% 二甲苯蓝、0.25% 溴酚蓝。

2.3.1.4 水饱和酚

约为 80% 酚的水溶液，内含 0.1% 8-羟基喹啉。

2.3.1.5 30% 丙烯酰胺储液

丙烯酰胺 30g，亚甲基双丙烯酰胺 0.75g，用水定容为 100mL，过滤，储于 4℃ 条件下。

2.3.1.6 10% 过硫酸铵溶液

0.1g 过硫酸铵加水 1mL（现用现配）。

2.3.1.7 四甲基乙二胺（TEMED）。

2.3.1.8 4mol/L 乙酸钠溶液

5.44g 无水乙酸钠定容至 10mL。

2.3.1.9　脲：按8mol/L用量加到反向电泳凝胶中，即所谓的变性胶。

2.3.1.10　核酸固定液

含10%乙醇、0.5%醋酸的水溶液。

2.3.1.11　0.2%硝酸银溶液

2.3.1.12　核酸显影液

0.375mol/L氢氧化钠（NaOH），2.3mmol/L硼氢化钠（NaBH$_4$），0.4%甲醛（37%，质量浓度）。

2.3.1.13　增色液

70mmol/L碳酸钠（Na$_2$CO$_3$）水溶液。

2.3.2　操作步骤

2.3.2.1　核酸提取

2.3.2.1.1　在无菌条件下，从试管苗上剪下长2cm茎段，放于小研钵中。把取样的试管苗放回试管中，封好管口，编号，以便根据检测结果决定取舍。

2.3.2.1.2　向小研钵中加入0.4mL核酸提取缓冲液、0.6mL水饱和酚，材料研碎后倒入小塑料离心管中。

2.3.2.1.3　3000r/min（可在3000～8000r/min幅度内离心，一般离心速度大些好）离心15min。用带乳头小吸管把上层水相吸到另一清洁的离心管中。

2.3.2.1.4　向小离心管中加入1mL乙醇，1滴4mol/L乙酸钠，混匀后放在冰箱冰盒中至少冷冻30min。

2.3.2.1.5　3000r/min离心15min，倒掉乙醇，用少量乙醇轻轻冲洗管壁两次；倒放离心管，控干剩余的乙醇。

2.3.2.1.6　向每一离心管中加入50μL载样缓冲液，用干净牙签混匀，即可用于电泳上样。

2.3.2.2　电泳

2.3.2.2.1　正向电泳：用5%聚丙烯酰胺凝胶，用1×电极缓冲液，进行从负极到正极电泳（上电泳槽的电极是负极，下电泳槽是正极），电流量为每厘米宽凝胶5mA。上样量为6μL。

当二甲苯蓝示踪染料迁移到凝胶板中部时（从上样原点迁移约6cm），拆开玻璃板，横切下约1cm宽的带有二甲苯蓝带的凝胶条，平移到玻璃板的底部边缘，安装好玻璃板，灌进含8mol/L脲的变性胶；把玻璃板装回到电泳槽内，变换电极，进行从正极到负极的反向电泳。约20min，当二甲苯蓝带已经完全进入变性胶中以后，停止电泳。拆开电泳槽，取下玻璃板。

2.3.2.2.2　加温带变性胶的电泳玻璃板，促使类病毒变性。在80℃水浴中，加温电泳玻璃板30min，然后把电泳玻璃板装回到电泳槽中。

2.3.2.2.3　反向电泳：从正极到负极的电泳。电极缓冲液与电流量和正向电泳相同。电泳约2h，当二甲苯蓝示踪染料带迁移到胶板上方距电泳原点约4cm处，停止电泳，取出凝胶片进行银染色。

2.3.2.3　银染色

2.3.2.3.1　核酸固定：把凝胶片放在盛有200mL核酸固定液的塑料盘中，轻轻振荡10min，然后倒掉固定液。

2.3.2.3.2　向塑料盘中加进200mL 0.2%硝酸银溶液，轻轻振荡15min，然后倒出银溶液（可重复使用）。

2.3.2.3.3　用蒸馏水冲洗凝胶板，以除掉残留的银溶液，共冲洗四次，每次用水200mL，每次冲洗15s。

2.3.2.3.4　核酸带显色：加入核酸显影液200mL（现用现配），轻轻振荡，直到核酸带显现清楚为止，然后用自来水冲洗停显。

2.3.2.3.5　增色：加入增色液200mL。

2.3.3.3.6　结果判定：在凝胶板下方四分之一处的核酸带为类病毒核酸

带（即最下方的核酸带）；其上为寄主核酸带，在寄主核酸带与类病毒核酸带之间有空隙，二者可明显区分开（图2-8）。

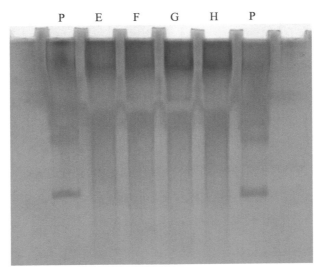

图2-8 往复聚丙烯氨酰胺凝胶

P为阳性反应；E、F、G、H为样品代号，呈阴性

第3章

马铃薯组织培养

3.1 马铃薯组培的基础设施

马铃薯组培部门分成八个区域：无菌室、缓冲间、组培苗培养室、病毒检测室、综合实验室（或称之为化学试剂配制室）、培养基制作室、盥洗室和储存室。

3.1.1 无菌室

无菌室（图3-1）为分组培苗或做茎尖剥离的洁净工作间。通常无菌室规划在组培区域的内侧，人员走动较少的地方，保持洁净和安静。在无菌接种室区域内，设每间面积以8～10m²为宜的无菌分苗室或称之为接种室，可以放2台双人超净台和配套的小推车，高度约2.5m，配置推拉门，以减少空气振动。相

图 3-1 连成排的无菌分苗室

对独立的无菌室连成一排，统一上苗、喷雾（用75%酒精）和灭菌（使用紫外灯）。小型紧凑的无菌室的优点：①消毒、灭菌容易，消毒剂的用量是根据容积计算的，消毒剂用量少，降低了成本。② 某一台超净台发现有污染状况，可以及时将这间无菌室重点清洁消毒；如若采取大车间式的无菌室会造成杂菌随气流或物体的移动而飘移或撒落，造成整体污染率增高。③不是生产旺季不必整个大生产车间都启动，可以根据出苗量逐渐开启无菌分苗室。

无菌分苗室工作启动时，温度在20～23℃之间，相对湿度控制在60%，湿度低能有效防止杂菌滋生。这样的环境有利于工作人员提高工作效率。

图3-2　缓冲间

图3-3　风淋设备

无菌室主要设备、器具：空调、超净工作台、配套椅子、医用平板小推车、酒精灯或电子灭菌器、剪刀、镊子和解剖刀等。

3.1.2　缓冲间

缓冲间（图3-2）的面积应是无菌室整体面积的3倍，设在无菌室外侧，房顶需安装紫外灯，采用铝合金和透明玻璃相隔，有利于采光。缓冲间外设推拉门，阻断外界气流直接进入无菌操作室，提高接种操作室的洁净度，缓冲间主要功能是存放灭菌后的空白培养基、继代扩繁的母苗、75%的酒精和接种替换器械，也是工作人员洗手、第二次换工作拖鞋（第一次换工作拖鞋在进组培区域时）和穿工作服的场所。也可以在进缓冲间前，安装风淋设备（图3-3），另设培养基搬运通道。

缓冲间主要设备、器具：除湿机、衣帽架和鞋架、一组洗手盆、平板医用推车、备用接种工具及小型灭火器。

3.1.3 组培苗培养室

组培苗培养室（图3-4）采用标准件组培架（为通用件，可以组装），均高2m、宽0.52m、长1.26m，一般分5层。分层过多，当组培苗上满后，开启灯管提高光照，热量过高，不利于降温；分层过稀，组培架的利用率偏低。从培养基制作到组培苗的培养，采用统一塑料托盘，规格长62cm、宽49cm、高4.5cm（每个组培架每层放2个托盘），或长40cm、宽32cm、高4.5cm（每个组培架每层放3个托盘，见图3-5）。作为组培苗周转盘，该尺寸与标准组培架和专用小推车配套，培养基灭菌出锅后统一放在组培周转盘内，送往缓冲间或接种间备用；分好的瓶苗均匀地放置在盘内，用小推车送往组培室，连苗带盘一起放在组培架上，出苗时亦是整盘搬出，这样不仅外观比较整洁，亦无需弯腰费工费力一瓶一瓶摆放，可提高工作效率。

图3-4 组培苗培养室

图3-5 一层可放3盘的组培托盘
（放于周转车上）

组培室面积可以根据生产规模设计，通常组培室的位置可以与无菌室外侧的缓冲间相邻，便于保持洁净和利于组培苗的搬运。但要与培养基制作室和盥洗室保持距离。每间组培室面积在40～60m²之间，能放置16组或20组标准组培架。每层组培架的顶部安装两根28W T5日光灯管（单根日光灯难以满足多层支架上每个培养瓶内的光照强度），此时光照强度在3000 lx左右，若装三根28W T5日光灯管，此时光照强度在5000 lx左右，或装两根18W的全光谱LED灯，此时光照强度在5000 lx左右。当全负荷运作时，这样的空间和组培架的配置比较便于散热，方便调控至适宜的生长温度，也方便区分不同品种组培苗对光照强度的需求。同时，可在组培室的内墙和组培架每层顶部隔板上覆一层银色反光膜，吸收室内的光照，通过光反射使培养室光照柔和均匀，适于组培苗生长，最根本是节省能源，降低生产成本，达到增光不增热的效果。测得的数据表明，采用反光膜比不采用反光膜的培养室增光15%（实用技术专利号ZL.2011 2 0510408.5和ZL.2011 2 0510409.X），这对喜光的马铃薯组培苗起着助长的作用。在组培苗产业化生产中，生长环境升温容易、降温难。因此，设计整体成排的组培室需考虑组培室间作业道宽敞，便于作业与散热（图3-6）。

图3-6　两侧成排的组培室

组培室主要设备、器具：空调、除湿器、标准件组培架、配套的T5灯管或LED灯管、温湿度计、灯光定时器（自动控制光照时间）。

3.1.4　自然采光节能型组培室

组织培养区域设计成由2个或多个"U"字形的建筑物与北面一排工作室相连的组合组培室（图3-7），"U"字形缺口处朝北与组培工作室相连，"U"字形三面环东、南、西三个方向，便于采光，"U"字建筑物内设计"U"字形

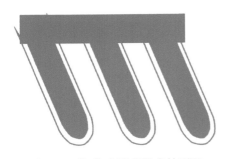

图3-7　"U"字形组培室外形图

环廊，两侧带玻璃（图3-8），并设有推拉窗，既可以采集到自然光，又能根据季节温度变化调节从而通风降温，还能保持组培室的相对洁净（图3-9）。并在组培架每一层支架的隔板上覆一层反光贴，增加光照，适于组培苗生长。

这类培养室可以适当设计得大些，宽8m×长30m=240m²，中间做两个隔断，成三间组培室，便于温度的管理。日光组培室通风窗设在上方，能对称通风使空气对流，有利于组培室满负荷工作运行时热气流通过环形走廊传导出去。

经过茎尖剥离或无性继代繁殖的马铃薯组培苗，需进入培养室进行组织培养，培养室提供合适的温度和光照。培养室中传统的多层支架的顶部设有日光灯或LED灯管，比较消耗能源，每层日光灯管散发的热量会使上层支架上的培养瓶底部吸收的热量过多，使培养瓶内部产生水珠，增光降温困难，组培苗生长比较弱，小苗易分权或茎秆粗不开叶等。通过自然采光，晴天不用日光灯或少用灯管提高光照，同样能使培养瓶内的马铃薯幼苗得到适宜的温度和光照度，正常生长。总之，这类组培室配有空调，架上配有灯光，当外界温度和光照不适

图3-8 "U"字形环廊

图3-9 采集自然光的组培室

宜组培苗生长时，可以随时启动，当外界温度与光照适宜时，即采用自然能源，能相对节省能源，降低生产成本，其低碳生产的意义尤为重要。

3.1.5　病毒检测室

病毒检测室（图3-10）通常设在组培部门的外侧或设立独立的实验室，面积在100m²左右，设两组实验台，一组实验台以双抗体酶联免疫吸附法（DAS-ELISA）操作为主，另一组实验台以马铃薯纺锤块茎类病毒PSTVd检测为主。

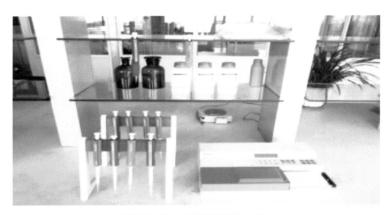

图 3-10　病毒检测室一角

病毒检测室主要设备、设施和器具：每组实验台10个工作台（每个工作台高1.7m、宽0.75m、长0.96m），4个玻璃器皿架（每个高2m、宽0.52m、长1.26m），2组药品柜，1台冰箱，1台冷藏箱，1台温箱，1台电脑及打印机，1台酶联仪，1台洗板机，1台PCR反应器，1台杂合反应仪，1台试管振荡器，2台离心机，1台影像判读仪及1套往复聚丙烯氨酰胺凝胶电泳检测设施，1台精密pH计（PHS-3C）和不同规格的可调式微量加样器等。室内需备空调和3个上下水口。

3.1.6　综合实验室

实验室面积为80～100m²，室内需备空调和2个上下水槽、1组工作台、

1组药品柜、1台冰箱、1台冷藏箱、1台温箱、1台精密pH计（PHS-3C）、1台0.1g感应天平和1台0.001g感应分析天平、恒温磁力搅拌器、电导仪、植物生长培养箱、1台40倍的立体双筒解剖镜、2组玻璃器皿架，主要用于保存和配制各类试剂、称样、配制母液等。

3.1.7 培养基制作室

培养基制作室（图3-11）设在最外侧，与灭菌锅工作间相连，面积可以略大些，一侧放药品柜，放制备培养基所需的生产资料和冷藏箱，放置MS培养基的母液，另一侧堆放空培养瓶，中间可以放宽大工作台，便于培养基灌装。

图3-11 在培养基制作室进行母液灌装

高压灭菌锅可分为手提式、立式和卧式大容量高压灭菌锅。手提式灭菌锅较小，适合科研教学或做试验用。比较适合产业化生产的灭菌锅主要有两种：一种150L翻盖式高压医用灭菌锅（图3-12），规格在0.7m×0.5m×1.04m，250mL的组培瓶，一次能灭210瓶，约8L的培养基，操作起来轻便，上锅、出锅比较方便，维修保养容易，但是容积稍小。另一种大型卧式900L高压灭菌锅（图3-13），一般是固定不动的，容积比立式的大得多，常用的规格为2m×1.3m×1.9m，250mL的组培瓶，一次能灭720瓶，约25L的培养基，工作效率比较高。

图 3-12   150L 立体高压灭菌锅   图 3-13   卧式高压灭菌锅

3.1.8   盥洗室和储存室

盥洗室面积在 $100 \sim 120m^2$，修建几组洗刷瓶子的水泥池，每组的规格为长 1.8m× 高 0.75m× 宽 0.65m，中间隔开，分为两个水池，便于一个浸泡洗涤剂，一个清水冲洗（图 3-14）。还可直接安置电动机械盥洗槽（图 3-15）。在盥洗室配备若干晾瓶架，或可移动底座，码放周转筐晾组培瓶。配若干平板小推车，便于搬运。连着盥洗室设 $15 \sim 20m^2$ 的储存室，主要堆放组培生产资料，如化学试剂、消毒剂和有关物品等。

图 3-14   人工盥洗槽   图 3-15   电动机械盥洗槽

3.2   无菌室、缓冲间和组培室的统筹管理

无菌室、缓冲间、组培室三个区域均要求相对无菌或洁净。需建立相

对应的规章制度，包含环境卫生、超净工作台、操作程序、操作人员的卫生行为和分苗程序。

3.2.1 空气和环境消毒

组培苗生产旺季，要特别注意环境卫生，保持每天清洁地面，擦地顺序从接种室、缓冲间到组培室。每天下班前用喷雾器进行空气环境的消毒。常用的消毒剂有过氧乙酸类的杀菌剂、0.5%的"欧威""爱尔施"牌消毒片、甲酚皂、84消毒液和新洁尔灭等。使用浓度供参考："欧威"浓度为100～150倍，即15L水100～150mL"欧威"；"爱尔施"牌消毒片每15L水放8～10片；甲酚皂每15L水放250mL；新洁尔灭每15L水放150mL；84消毒液使用浓度为2%。以上几种消毒液交替使用，作为空气喷雾浓度可以略大些，确保环境洁净。定期测试无菌接种室的洁净度。测试方法：用空白培养基打开瓶口，放在接种室工作台（通常四周放四瓶，中间放一瓶）和缓冲间（6m²放一瓶），开瓶盖暴露10min。10min后封上瓶盖，在37℃培养箱内培养36h，观察杂菌数。若杂菌感染点数过高，需采用空气熏蒸法，常用的熏蒸剂有必洁仕和因赛格。

这些都要制定成相关的环境卫生制度，包括常态的环境卫生制度和夏季高温、高湿季节的环境卫生制度。制度中要标明不同消毒剂的浓度标准，并包括责任到人的签名制度。

3.2.2 超净台注意事项

超净台分为水平超净台和垂直超净台，工作原理是完全相同的，洁净度也是一样的，所不同的只是外观形式和出风的方向。水平超净台的风是平面式风流，而垂直超净台的风是从上往下吹的。由于专业分苗工作人员，一天8h静坐在酒精灯或电子灭菌器前分苗，连续数小时超净台的温度会积聚升高，采用水平式风流，会感到热气流迎面而来影响分苗速度。而垂直超净台的气流从上而下的，接种人员会舒适许多。

超净台规格大致分单人、双人和三人超净台，产业化生产中，单人超净台不是很合适，容积小会造成频繁地放母苗或培养基，这种方式比较适合科研、教学用。三人超净台价格比较贵，长度长，操作起来不是很得心应手。而双人超净台比较合适，为了提高工作效率，双人超净台两人流水作业，一名剪刀手，专门剪苗，一名镊子手专门插苗，重复一个动作，互帮互带有节奏感，明显比单人单干效率高。

超净台工作前要做好四个方面的工作：①前一天把镊子和剪刀洗干净，用报纸或牛皮纸包好，灭菌后待用。② 用75%酒精或消毒片溶液喷雾擦洗超净台，打开器械灭菌器，当温度显示在300℃左右时，镊子和剪刀插入器械灭菌器待用；采用酒精灯消毒时，先将器械镊子和剪刀浸泡在95%酒精内，使用前来回灼烧两遍，注意需采用不锈钢酒精灯，并配不锈钢托盘（玻璃的酒精灯易有裂缝，会造成酒精渗漏）（图3-16）。③培养基瓶、继代繁殖的组培瓶苗（或称之为母苗）用75%酒精快速转圈喷雾消毒或擦抹杀菌，然后放入超净台，摆放母苗与空白培养基的数量比例基本为1：4，即1瓶母苗可分出4瓶组培苗。④在所有物品放入超净台内后，操作人员在超净台内喷75%酒精，拉下挡风玻璃，再用75%酒精进行空气消毒，每立方米约需喷雾75%酒精12mL，喷雾量过少，会引起空气消毒不彻底，增大污染率，然后打开风机和紫外灯，关闭接种室的推拉门，操作人员离开无菌室，75%酒精和紫外灯消毒持续20～30min之间。

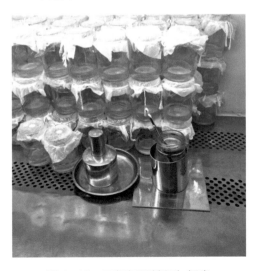

图3-16　不锈钢酒精灯与托盘

在做这部分工作时一定要发挥团队精神，放苗时互相帮助，统一用电动喷雾器喷75%酒精空气消毒，包括缓冲间也需喷雾消毒。注意所有消毒灭菌工作必须在接种前30min进行，不可以提前消毒，也不可以在接种操作时消毒。

注意定期检查超净台的洁净度，若发现有杂菌污染点，需清洗超净台滤网，经消毒后再使用。每两周用酒精棉擦拭以清洁紫外灯管表面。

超净台上使用酒精灯与电子灭

菌器（图3-17）的区别和注意事项：
酒精灯火焰比较集中，器械消毒效果
好，但是新手容易将酒精滴于台面，
酒精熔点低，台面的酒精易着火，操
作前需给新手准备湿毛巾，用双层湿
毛巾轻轻一盖，火焰即灭。电子灭
菌器比较安全，显示温度在300℃左
右，消毒芯内温度可达到290℃，器
械插入消毒最佳，时间在30s左右。
但是灭菌器中间依靠石英珠球导热杀
菌，器械使用时会带些植株的汁液，
过于频繁换器械会造成石英珠球粘连
上不干净的物质，引起内生菌的
发生。

图 3-17 电子灭菌器

因此，电子灭菌器内的石英珠需勤洗，经高压灭菌，再放回灭菌器内
使用。

3.2.3 工作人员注意事项

紫外灯关闭后，分苗人员需用肥皂洗净双手及手臂（参照医学上推广
的六步洗手法），在缓冲间换上干净工作服，戴好工作帽和口罩进入无菌室
工作，工作人员在操作前用酒精棉球对双手和前臂抹擦消毒，然后开始工
作。工作人员在无菌室不能大声喧哗，口腔细菌亦能造成组培苗的感染，
尽量减少不必要的活动。

3.2.4 分苗程序

① 镊子和剪刀横竖均要用酒精灯灼烧两或三遍，再开始分苗，或灼烧
后放在器械架上冷却后使用。

② 将母苗瓶盖打开，瓶口在酒精灯上方略略烤一下，尤其是苗龄比较

图 3-18　带生长点的瓶苗

图 3-19　相同部位的茎段放在
同一个组培瓶内

图 3-20　不分部位剪放组培苗的长势
长得高的是带生长点的苗段

长的母苗，同时将空白培养基打开，镊子冷却数秒钟，将组培苗轻轻夹出，用剪刀剪下一片叶带一个叶节的茎段，按植物生物学方向插入培养基。接好苗后，盖上瓶盖，同时将接种的剪刀和镊子再次插入杀菌器械内，使用前用酒精灯横竖灼烧两遍，再开始下次分苗。每瓶放 16 ～ 18 株苗（根据瓶的大小，确定每瓶苗数，基本上每株苗占的空间 1.4 ～ 1.6cm²），通常 1 瓶母苗能扩繁出 4 瓶或 5 瓶组培苗，繁殖系数 1∶4，若繁殖系数过低，需找原因，是否母苗拔节过高导致剪不出苗。要求二叶一心带生长点的苗段（图 3-18）放在同一个瓶内，下面部分一片叶带一个叶节的茎段放在同一个瓶内（图 3-19），能有效地保持苗子生长的整齐度（图 3-20）。除了采用镊子、剪刀，在转接试管时可以用接苗针（可以自制），操作起来方便。

③ 分好的瓶苗或试管苗用记号笔标上品种代号、日期和接种人代号，推运到组培室，整齐摆放在组培架上，每盘放 40 瓶或 48 瓶，让苗受光均匀。

分苗完毕，关闭灭菌器械、照明设备、超净台等，将超净台擦洗干净，及时清理接种后产生的废弃物，并带离接种室，关上无菌室的门。当天用过的器械用洗衣粉清洗并灭菌备用。

接种后第 4 天检查污染情况，污染率超过 3%，需及时上报分析污染原因。

每个生产季节的工作程序：扩繁苗前

进行病毒检测→建立核心组培苗→继代繁殖母苗的挑选→进入超净台→分苗→送进组培室→根据计划不断继代扩繁→出苗准备移栽。

3.2.5　分苗方法和健壮组培苗所需的生长空间

分苗方法大致分两种。一种是一段一段剪，一段一段插，先剪带生长点的二叶一心的苗放在同一个瓶内，然后剪植株的下面部位，一个叶节剪一段放在同一个培养瓶内，使组培苗生长速度一致，便于管理（图3-21、图3-22）。另一种是将组培苗从瓶内夹出来，剪段（估算着一个叶节的长短剪一刀），苗先剪在无菌纸上，然后再平铺在空白培养基上或撒在培养基上（图3-23、图3-24）。这两种方法各有优势，第一种方法生产的组培苗比较健壮整齐，从组培室到大棚无土栽培，无需炼苗，可以直接移栽到苗床，成活率高，生长势整齐，便于大棚微型薯

图 3-21　夹母苗剪插法

图 3-22　瓶对瓶剪插法

图 3-23　苗剪于无菌纸上

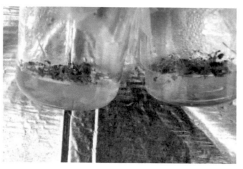

图 3-24　剪段后撒苗

生产管理，缺点是出苗数量不如第二种剪段后平铺的苗数量大。第二种剪段撒苗或铺苗优点是苗子密集、出苗量大，缺点是苗子高矮不齐、成活率低于第一种方法，过于细弱的组培苗需拉到温室或大棚炼苗过渡，增加中间环节，在生产中会增加成本。再者，组培苗的瓶盖或封口膜在温室或大棚放过后，回组培室再次利用，需经洗衣粉和水的清洗，会造成通气孔的折损，给下次利用带来隐患，降低了封口膜的使用寿命，也增加了生产成本。而第一种分苗方法，在出组培苗时，在组培区域的拔苗或洗苗过程中，第一道工序就是在干净处统一打开瓶盖，顺便放在干净的纸箱或网袋内了。再次使用时，瓶盖可以直接用，封口膜整理整齐后无需清洗，也可以直接使用。

壮苗要求培养基的厚度在1.6～1.8cm，每株组培苗需占1.4～1.6cm^{2}的培养基空间，苗与苗之间分布平均，这样的苗长势舒展，根茎叶粗壮。培养基过厚，苗拔节高；培养基过薄，苗的茎发硬容易干。

当组培苗苗龄在20天左右时，以上两种方法的结果是根部生长状况不一样。第一种单株剪插法的根系清晰（图3-25），洗苗后，移栽到温室或大棚，成活率高，此类苗在组培瓶内根系略显浅绿色（图3-26），移栽到温室或大棚3天内根系由浅绿逐渐变成白色，发出新的根系，温度合适7～10d内根系抱团，迅速蓬勃生长。第二种剪段平铺或撒苗法长出来的组培苗，根系会纠缠在一起（图3-27），洗苗时（或称之为拔苗时，将组培苗移栽到温室或大棚），容易将组培苗的根扯断，移栽到温室或大棚，需重新发根，延长了苗生根期的时间，有根的苗和没根的苗栽在一起，给大棚管理带来难度，因为有根的苗根系抱团后，需施肥加强营养生长，而无根的苗在生根期无需过多的肥料，施肥过多会导致培养基质的电导率升高，影响生根速度。

图3-25　单株剪插法的根系清晰

图 3-26 单株剪插法的待移栽苗　　　图 3-27 剪段平铺或撒苗法的根系

3.3 培养基制作

3.3.1 MS 培养基配方

马铃薯组培通常采用 MS 培养基（表 3-1），注意母液 4 中的乙二胺四乙酸二钠铁不能放置时间太长，最好现配现用。

表 3-1 MS 培养基配方

母液	成分	浓度 /（mg/L）	稀释倍数	实际用量（母液）/（g/2L）	10L 培养基用量 /mL
母液 1	NH₄NO₃	1650	50	165	200
	KNO₃	1900		190	
	MgSO₄·7H₂O	370		37	
	KH₂PO₄	170		17	

续表

母液	成分	浓度/（mg/L）	稀释倍数	实际用量（母液）/（g/2L）	10L 培养基用量/mL
母液2	$MnSO_4 \cdot H_2O$	16.9	200	6.76	50
	$ZnSO_4 \cdot 7H_2O$	8.6		3.44	
	H_3BO_4	6.2		2.48	
	KI	0.83		0.332	
	$NaMoO_4$	0.25		0.1	
	$CoCl_2 \cdot 6H_2O$	0.025		0.01	
	$CuSO_4 \cdot 5H_2O$	0.025		0.01	
母液3	盐酸硫胺素 B_1	0.4	200	0.08	50
	盐酸吡哆素 B_6	0.5		0.1	
	烟酸	0.5		0.1	
	甘氨酸	2		0.4	
	肌醇	100		20	
母液4	$FeSO_4 \cdot 7H_2O$	27.8	200	5.56	50
	EDTA-2Na	37.3		7.46	
母液5	$CaCl_2$	332	200	66.4	50

注：倍力凝：7.8g/L，或卡拉胶5.4g/L，或琼脂7g/L，或冷凝胶3.5g/L；白糖：30g/L，有些特殊的品种可增加0.5%～1%的白糖；pH：5.8～6.0。

通常在培养基分装前要测pH值，偏酸的情况较多，需用NaOH调pH值至5.8（1mol/L NaOH的配制：称40g NaOH溶于1000mL水中）。培养基过酸，会导致培养基不凝固，或培养基太软，随意流动，无法插苗，发根慢。灭菌前瓶装培养基的pH值与灭菌后瓶内培养基的pH值大约相差0.04。

3.3.2 培养基的灭菌

培养基灭菌时，需放2次冷空气，使灭菌锅内的蒸汽分布均匀。压力升至0.15 MPa（121℃）时，在121℃条件下计时灭菌18～19min。放气时缓缓放气，以免培养基冲在封口膜上，造成污染。空白培养基若3天内出现奶片状的絮状物（图3-28），需观察灭菌是否到位，灭菌锅是否有故障，灭菌时间是否欠缺。空白培养基冷却后不凝固，呈浅黄色，通常是灭菌时间过长所致，培养基糖化pH值偏小，颜色变黄，培养基无法凝固，此时，需关注灌装前的酸碱度和灭菌时间，不同型号的灭菌锅和使用年限不同的灭菌锅对灭菌效果的影响是不同的，需观察和调整灭菌时间，灭菌锅用得时间长了，或冷空气放得不够到位，会使锅温度不均匀，个别位置达不到所设的温度标准。同一批培养基中，随着组培苗的生长，会有几瓶出现细菌感染，打开瓶盖能闻到细菌繁殖的酸味。

图3-28 奶片状的絮状物

3.3.3 培养基的灌装

分装培养基时，无论瓶子容量大小，需注意培养基的厚度，通常培养基的厚度在1.8cm，组培苗生长舒展。培养基过厚，植株拔节高，嫩梢半透明，茎肿胀，生根慢，功能性气孔少，栅栏组织少，海绵组织增多，含水量高[图3-29（a）]；干物质、叶绿体、蛋白质、纤维素和木质素含量低，影响了正常的光合作用，尤其在高温寡照的情况下，这弊端更为明显。培养基过薄，苗子茎发硬容易干，不容易长高[图3-29（b）]。

（a）培养基过厚的组培苗

（b）培养基过薄的组培苗

图3-29 不同厚度培养基的组培苗

另外选用组培容器时，需考虑工作起来是否得心应手，容器过大，操作人员手不容易把握，手容易产生疲劳感，影响接苗速度。相对适中的容器，便于操作，可提高工作效率，选用的组培瓶最好不带瓶肩，宜选用直通型的。

3.3.4　培养基凝固剂的选用

目前在马铃薯组培苗培养中有液体培养和固体培养两种方法，在实际生产中发现液体培养的组培苗与固体培养相比较，繁殖周期短、组培苗较健壮，但具有繁殖系数低、污染率相对高、组培苗易沉入培养液中窒息不生长等缺点，不利于大规模工厂化快繁。因此，固体培养方式仍是马铃薯组培苗生产的主流。培养基中各种凝固剂的成本和使用效果在被不断地探讨和改进，常用凝固剂大致有四种：第一种为最常用的固体培养基凝固剂琼脂 [图3-30 (a)]，琼脂具有提高黏度、形成凝胶和保持水分的作用，但是透明度略差。第二种以卡拉胶为培养基的凝固剂 [图3-30 (b)]，卡拉胶的凝胶透明度和可逆性及抗酸性方面都优于琼脂。第三种以冷凝胶为培养基的凝固剂 [图3-30 (c)]，与琼脂相比省去了熬煮凝固剂的过程，可以直

（a）琼脂　　　　　　　　　　　　　（b）卡拉胶

（c）冷凝胶　　　　　　　　　　　　（d）倍力凝

图 3-30　常用凝固剂

接灌装，节省了能源和人力。第四种以倍力凝为凝固剂 [图3-30（d）]，纯净性和透明度优于前三种凝固剂。培养基中凝固剂的透明度对及时剔除组培苗培养过程中污染的苗是非常重要的，尤其是组培苗生长初期能及早观察到根系发育状况、根部是否有内生菌等。若透明度和培养基的硬度不合适，使观察是否染上极微量的内生菌变得困难，会导致下次扩繁组培苗的污染率升高。相比之下，倍力凝凝固性相对稳定、透明度好，四种培养基的透明清晰程度的排列：倍力凝＞冷凝胶＞卡拉胶＞琼脂。

3.4　品种资源保存

作为品种资源的试管苗，在MS培养基的基础上，每升培养基内放20g甘露醇，置于9～14℃的低温下培养。建议品种资源保存采用试管苗，用棉塞或专用试管和配套的滤气试管盖，杂菌不易侵染。目前的封口膜比较薄，滤膜处压膜工艺不是很完善，灭菌时在高温和高压下，膜会变得更薄更脆弱，在低温下培养膜便有细微的缝隙，时间长了杂菌就有可乘之机，造成污染。培养容器用试管保存品种资源比采用培养瓶保存的时间要长。

3.4.1　品种资源室的管理

（1）注意资源室的环境卫生，用消毒液定期擦洗地面与对空间环境喷雾，这样即便试管口上的膜有点小缝隙，不致很快染上杂菌。

（2）做好所有资源的登记，包括品种、来源、性状以及保存现状。通常不常用的资源，每个品种保存6～8根试管，主栽品种，每个品种保存30～50根试管（根据企业生产规模而定）。这些试管苗不参与生产中继代繁殖，而是当下季生产启动时，先将试管苗进行检测，再在资源库留一部分，使资源库始终保持健康无内生菌的试管苗，其余部分进行继代扩繁，用于生产。若资源库不留存，在参加继代大扩繁后，再从生产的组培苗中选下季用苗，但此方法存在容易感染内生菌的风险。

3.4.2　抢救污染试管苗的方法

通常接苗后第4d挑污染苗，要分析污染是由于接种时环境不干净、操作不当还是母苗不干净造成的。若是母苗造成的，需加强母苗的挑选，观察根系和试管口是否有漏缝和污染点；若根系有问题，在转接时，应只打生长点；若试管口有污点，可先将试管口用75%的酒精擦洗，再用酒精灯将试管口转圈烤一下，然后将苗转接出来；若是试管盖或封口膜不严密和环境不干净造成的，发现污染及时挑出来处理，用75%酒精浸泡25～40s，无菌水清洗2～3次，根据植株大小再用0.1%升汞处理100～110s，或10%次氯酸钠（NaClO）处理5～10min，无菌水清洗3次，在滤纸上吸干水（灭过菌的滤纸需在酒精灯的火焰上烤一下，滤纸干吸水快），将苗转接到新的培养基上，以便资源传承（详细内容可参考本章第3.9节组培苗内生菌感染）。需准备的物品：滤纸（放在培养皿内灭菌）、若干个小烧杯、1个大烧杯、剪刀、镊子、无菌水（用三角瓶盛桶装水，不能太满）、75%乙醇、0.1%升汞或10%次氯酸钠，所有物品提前灭菌，在操作前送往超净台。

3.5　组培室管理

3.5.1　温度

　　一般的组培室，温度通常设定在25℃左右，没有温差。而马铃薯是喜凉作物，组培苗的生长温度在17～25℃之间均能生长良好。通常白天温度设置为23℃，晚间温度为17℃，日累积温度在40℃比较合适，上下浮动不超过1℃。组培苗在有温差的条件下生长，茎粗叶大，不易倒伏，便于继代繁殖和移栽。在昼夜温度过渡时，一定要有缓冲区域，晚间温度过渡到白天温度需1.5～2h的过渡时间，即空调有轮空的时间，时间长短根据外界气温而定。组培室需专人管理，通常每天下午下班前设置晚间的温度，定时关掉白天的空调，同时启动晚间的空调，满足晚间组培苗生长的需求，每天早上上班后打开白天的空调，导风板朝上。

　　根据时间和温度数据，以半小时为一个记录点，以记录下来的温度为纵坐标，绘制关系图（图3-31），系列1蓝线为舒缓升温或降温的2h区域，组培苗生长舒展健康（图3-32）。系列2红线没设2h缓冲区域，直接用空调设白天和晚间温度，过渡时间在1h内，组培苗茎秆会生长僵硬，叶片开得小，新长的生长点会出现弯钩状（图3-33）。

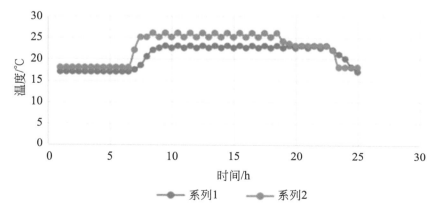

图 3-31　两种不同温度过渡时间对苗生长的影响

图 3-32　在系列 1 的温度条件下生长的组培苗

图 3-33　在系列 2 的温度条件下生长的组培苗

3.5.2　湿度

组培室最佳湿度控制在 60% 左右，不宜超过 65%，若湿度过高，需开启除湿机除湿，并及时排清除湿机的水。在阴雨季节需一天检查 2 次，及时清理除湿机，除湿可防杂菌滋生。

3.5.3　光照长度和强度

马铃薯组培苗的光照长度一般为16h，光照强度，大部分马铃薯的组培苗为3000 lx（需两支28W T5灯管），但是有些品种如麦肯（Innovator）、早大白、布尔邦克等品种要求达到5000 lx（需三支28W T5灯管或18W全光谱LED灯管2支）。制作需要强光照品种的培养基时，需多加5%的糖，即原来每升培养基放30g糖增加至35g，在合适的培养基上，与适宜的光照配合，这类组培苗能茎秆粗壮，叶片茂盛。当繁苗季节温度过高，组培室温度降不下来，无法将组培室控制在适宜的温度时，尤其晚间温度过高，已超出日累积40℃时，可以将光照长度缩短至15h，不能低于14h。

LED灯光谱的选择，就马铃薯组培苗而言，采用全光谱的灯管比较合适。有些组培室采用了红光谱过多的LED灯管，工作人员在挑污染时，会感觉到眼睛不舒适，不能长时间在这样的环境下工作，另外马铃薯组培苗生长不舒展，茎秆发紫和略有些僵硬。

图3-34是在17h光照长度和红光谱过多的LED灯管下生长的马铃薯组培苗。

图3-34　光照时间过长和红光谱过多的LED灯管下的马铃薯组培苗

3.5.4　空气与容器封口

组培室内，二氧化碳浓度在0.04% ~ 0.12%之间对苗生长没有太大的差异。组培容器上方是否有通气孔事关重要，通常瓶盖中央有通气膜或采用封口膜，组培苗生长良好，主茎不易分杈。产业化生产中需用大量的封口膜，封口膜成本比较贵，可在封口膜上加一张透明硫酸纸，以减缓封口膜的磨损和增加瓶苗的洁净度。采用瓶盖中央有通气膜的组培瓶工作效率高，光照好，但随时注意检查是否有破损和老化现象，是否严丝合缝，以免造成污染。

图3-35左边的组培瓶是用一层封口膜和一层硫酸纸封瓶口，右边的是带通气孔的瓶盖。这两种封口都有优点：洁净效果好，污染率低，从通气和遮光率方面考虑利于组培苗叶片的生长。总之，带通气孔的瓶盖和膜比不带通气孔的瓶盖的培养瓶内的苗的生长势强。

图 3-35　组培瓶的不同封口方式

左边的是用封口膜加硫酸纸封口；右边的是带气孔的瓶盖

3.5.5　环境卫生

建立组培必要的规章制度，如环境卫生制度，包括消毒剂的配制、消毒时间和场所，具体操作可参考本章3.2.1空气和环境消毒。

3.5.6　控制易造成组培苗污染的关键环节

组培室和接种室的环境卫生；

培养基的灭菌和堆放时间；

无菌室的消毒处理及阴雨天需加强的措施；

器械的清洗与消毒；

定期检测超净台滤网是否洁净；

继代苗的苗龄、是否干净、是否健康；

每接一瓶母苗，器械重新消毒；

瓶盖（或封口膜）是否破损或过于薄而有细小缝隙；

工作人员的个人卫生和规范操作行为。

3.6　组培部门的规章制度

3.6.1　无菌分苗室制度

目标：严格消毒灭菌、分苗仔细、操作严谨、保持洁净。

（1）工作人员上岗必须经更衣室换上干净的工作服和工作鞋；平时要特别注意个人卫生，勤洗澡、洗头，保持指甲干净。

（2）消毒物品要准备充分，进无菌室工作前，分苗无菌室与缓冲间都必须空气消毒。

（3）分苗时，穿的工作服和戴的工作帽提前放在缓冲间，接受空气消毒或紫外线照射。并要定期清洗干净，准备随时使用。

（4）同一间无菌室工作人员，须同进同出，减少外界空气的流动。操作人员的工作服、帽和鞋需穿戴整齐，额前头发不能外露，规范戴口罩，鼻孔不外露，进入接种室要把门关严，接种时不能大声喧哗。尽量减少在无菌室内来回走动，不允许闲杂人员进入接种室。

（5）操作前超净工作台内的灭菌工作要提前做好，如把镊子和剪刀洗干净，用报纸包好，灭菌后待用。

（6）把挑选好的培养基（检查封口膜是否破损）、继代繁殖母苗（苗龄22d左右，根部干净）的组培瓶用75%酒精喷雾或擦抹杀菌，然后放入超净台。

（7）用酒精棉球或纱布擦洗超净台，准备好酒精灯和使用器械，注意放置在安全位置。若用器械灭菌器，当温度显示在300℃左右时，镊子和剪刀插入器械灭菌器待用。然后进行空气消毒，打开风机和紫外灯，操作人员离开无菌室，持续20～30min。

（8）紫外灯关闭约十分钟后，操作人员用肥皂洗净双手及手臂，在缓冲间穿好接种室专用的干净工作服、戴好口罩和帽子、换好鞋，进入接种室，操作前再用酒精棉球擦洗双手及前臂，开始工作。

（9）接种时应严格按照接种程序进行操作。分苗前把镊子、剪刀、解剖刀等浸入95%酒精中（可采用200mL或250mL的广口瓶），使用之前取出器械，在酒精灯火焰上灼烧灭菌，镊子和剪刀横竖均须灼烧3遍，冷却后使用。

（10）分苗程序1：先将超净台内培养基的瓶盖绳子解开，但不要拉开瓶盖，再将基础苗瓶盖打开，用镊子将苗夹出，然后打开培养基的瓶盖，用一瓶打开一瓶的瓶盖，剪苗法详情参照本章3.2.4分苗程序。分苗程序2：每接完一瓶母苗，接种用的器械必须在酒精灯上重新消毒，再开始分下一瓶苗。

（11）分苗时尽量靠近机器内侧工作，离滤风处近些，包括器械灭菌器往里放比较安全。在接种过程中，接种工具碰到接种苗及玻璃瓶内壁以外的任何物品和地方，接种工具都必须重新用酒精灯灼烧消毒，每次灼烧接种工具，时间不低于30s。

（12）分好一组苗，放下器械，轻轻地扣好瓶盖或用橡皮筋将瓶口扎好，放入推车上。分苗完毕后，盖灭酒精灯或关闭杀菌器械、照明灯、超净台、空调等，将超净台擦洗干净，带走杂物和用过的器械，关闭无菌室的门。每天用过的器械要在洗衣粉内浸泡、洗干净，最后放入灭菌锅内高压灭菌，以备带入无菌室下次使用。

（13）分好的瓶苗推运到组培苗培养室，整齐摆放在组培架上，并用记号笔标上品种代号、日期和接种人，并加以记录。

（14）如遇特殊情况需中途离岗应脱下工作服，返岗后应再次洗手消毒并穿上工作服。

（15）在挑转接的母苗时，必须仔细观察母苗是否合格，如有疑问一律不用。

（16）每个员工需认真关注自己的责任区，保持整洁。任何一个操作环节都必须轻拿、轻放、轻推，并养成出入随手关门的习惯。

（17）定期消毒。生产季节坚持每天上午清洁地面，下班前空气消毒，每月对接苗无菌室及缓冲室进行彻底清洁。

3.6.2　培养基配制制度

（1）容器洗涤，严格按照洗涤技术规程洗净培养瓶。洗涤顺序：先倒出旧培养基→置于水池中用清洗剂浸泡→再置于洗涤池用清水洗净→最后放在周转盘内沥干后，放至指定位置。

（2）根据所需的培养基量，准确称取母液 1～母液 5、蔗糖、倍力凝。先煮水，然后加入倍力凝，边加边搅拌再依次加母液 1、2、3、5、4，最后放蔗糖，加足所需要的水（在容器内做好容量的记号），边煮边搅拌，避免粘锅，装瓶前，采用 1mol/L NaOH 调测 pH 值至 5.8，若没有精密 pH 仪，可用精密试纸调至 5.8。

（3）提前清洗分装带乳胶管，保持下口出液畅通，当 MS 培养基液煮沸时，可及时分装。培养基需趁热分装到培养瓶中，每瓶的分装标准为 35mL 或 50mL（根据瓶的大小而定，通常厚度在 1.8cm 左右）。

（4）分装好后，先用热水及时冲洗下出口，再用自来水多冲洗几次，务必冲洗干净，以防滋生杂菌或下次再用时造成堵塞。

（5）分装后要及时检查瓶口，对滴洒了培养基的瓶口，应用毛巾将其擦拭干净，盖瓶盖，或用一张封口膜、一张透明纸放在瓶口，再用棉绳封好瓶口。

（6）培养基瓶入锅时，注意不要碰倒培养基瓶而导致培养基流入封口膜。

（7）高压灭菌室的工作人员，上岗前需接受培训，阅读高压锅使用说明书，严格按照高压灭菌技术规程消毒培养基，并记录每天高压消毒培养基的时间和瓶数。每天分装好的培养基不能过夜，当天装瓶的培养基当天必须高压灭菌。

（8）各岗位的工作人员在下班前，将责任区清理干净整洁方可离岗。

3.6.3　环境卫生管理制度

全体工作人员齐心协力创造一个干净、安全、舒适的工作环境，降低污染率、缩减生产成本是最终目标。

（1）所有进出组培部门的人员必须更换组培室专用的拖鞋和工作服，

并将原来的鞋在指定位置摆放整齐。

（2）组培区域的地面，由清洁人员每天上午全面清扫一次，个别容易弄脏的地面应多次清扫，下班前对无菌分苗室和组培室空气消毒，有专人配消毒剂和实施记录。

（3）组培区域每月做大卫生一次，分苗接种工人负责无菌室、缓冲间和培养室的环境卫生。辅助工负责培养基配制室、灭菌室和盥洗室的环境卫生。工作服、工作帽每周末由使用人自己负责洗涤。

（4）接种室和培养室必须定期消毒。常用消毒剂5%"欧威"、75%乙醇、5%石碳酸、15%～20%过氧乙酸、3%～5%甲酚皂和"爱尔施"牌消毒片等。

（5）经常检查超净台和无菌室的洁净度，即将培养基打开盖放在超净台下和无菌室内10min，再盖上瓶盖，观察污染情况，采取相应措施（详细做法可参考本章3.2.1空气和环境消毒）。

（6）组培区域必须保持干净整洁，工作台面及室内的物件要摆放整齐，当天未接完的材料要放到培养室，不得摆放在工作台上。所有物品必须统一存放，方便大家共同使用。

（7）分苗无菌室的抹布和拖把须专用，不与其他实验室的用具混用。

（8）定期检查组培室内的组培苗，及时将污染的瓶苗挑出来清洗干净容器，避免造成重复循环污染。所有废弃物料不得随处乱扔，应放在指定位置集中、及时处理，减少污染扩散。

3.7　马铃薯组培苗生产中的经验和技巧

3.7.1　甘露醇的应用

甘露醇不是植物激素，是一种不易被植物吸收的蔗糖醇，是一种惰性物质，添加在培养基中可提高培养基渗透压，起脱水作用，抑制植株对养分的利用，从而达到延缓生长的目的。甘露醇改变培养基物理性质不会引起试管苗变异，被认为是组织培养保存试管苗、延缓生长较好的添加剂。

甘露醇可在两个方面起作用：一是不同品种的资源保存，延长试管苗（图3-36）的保存时间，减缓了人力和物力。二是在生产旺季大规模的使用时，组培苗均需人工分苗，在生产旺季组培瓶苗生长期在20天左右，超过20天的苗易分杈或长气生根，等节气农事到了批量移栽时，苗龄不齐，给管理上带来麻烦。采用添加甘露醇的组培苗（图3-37）生长周期能延至30天或40天，只是叶节短而粗，移栽后加强管理，不影响植株发根和正常生长。甘露醇在马铃薯组培苗中的使用浓度为1%～2.5%。

图3-36　使用了甘露醇的试管苗

图3-37　使用了甘露醇的瓶苗

3.7.2　硫代硫酸银（STS）的应用

组培苗在一个相对封闭的无菌环境中生长，气体交换受到限制。当温度过高时，常导致培养器皿中乙烯的积累，影响植株形态建成和器官生长发育。马铃薯对乙烯特别敏感，乙烯积累可导致组培苗分叉多、生成大量气生根、植株叶片变小等畸形（图3-38）。硫代硫酸银（STS）为乙烯生理作用拮抗剂，有抑制乙烯的生理作用。硫代硫酸银具有毒性低、易移动、在培养基中稳定等优点，能有效地抑制组培苗过早分叉或长气生根（图3-39）。硫代硫酸银的使用浓度1mg/L。采用加硫代硫酸银的培养基能有效地克服组培苗分叉和气生根过多，但是要注意拔出苗后清洗培养瓶时，需戴手套操作。

图 3-38　高温乙烯过多引起的分杈苗

图 3-39　高温季节使用硫代硫酸银（STS）的瓶苗

3.7.3　植物激素的应用

　　植物生长素和细胞分裂素在组培中的使用，要根据组培苗的实际长势和特点酌情处理。常用的细胞分裂素：玉米素（腺嘌呤的衍生物）、6-BA（6-苄基腺嘌呤）、KT（激动素，6-糖基氨基嘌呤）。细胞生长素：NAA（萘乙酸）、2-4 D、IAA（β-吲哚乙酸）、IBA（吲哚丁酸）（在高温和强光照下易分解）。

　　细胞分裂素高、细胞生长素低，会造成愈伤组织只长茎叶，不长根（图3-40）。细胞分裂素中等、细胞生长素少，愈伤组织分裂不分化（图3-41）。细胞分裂素与细胞生长素适中，马铃薯愈伤组织生长成植株（图3-42）。

图 3-40　愈伤组织只长茎叶、不长根

图 3-41 愈伤组织分裂不分化

图 3-42 愈伤组织长成植株

当温度过高时，组培苗弱、根系差，移栽在温室、网室成活率低易烂苗，可以在每升培养基内添加 0.2 ～ 0.3mg 萘乙酸。

3.7.4 挑根技术

当在大规模生产中，留的核心基础苗少了，生产上急等用苗，可以挑选根系干净、组培苗健壮的苗，分剪完上面部分，每株留下一个叶节，把整块带根的培养基挑出放入新的培养基内，达到扩大繁殖系数的目的，通常一瓶母苗只能挑一次（图3-43），不能重复数次，只能继代繁殖，不能移栽。

3.7.5 培养器皿的选择

选大小 220 ～ 250mL 的培养瓶，瓶底直径在 6cm 左右，瓶高9 ～ 12cm，没有瓶肩的直口瓶。一是考虑接种分苗时，这样规格的组

图 3-43 挑根苗

培瓶，操作起来省力，动作敏捷，过大的组培瓶，握久会感到手掌疲劳。二是在规模生产中，采用较矮的组培瓶比较经济易行，例如高9cm左右、容量为200mL的组培瓶（图3-44），只要苗子根系发育健全，即可移栽下去，比高组培瓶的苗子易成活和抗倒伏、好管理、省成本。

保存苗的试管，通常采用2cm×20cm的规格，每个管约分装12mL培养基，厚度5cm或6cm，约占试管长度的四分之一，给苗子充分生长的空间，图3-45中，右边那支试管培养基的厚度是适宜的。

图3-44　瓶高9cm的组培瓶　　　　图3-45　试管培养基厚度比对

3.7.6　培养基中凝固剂的使用

通常琼脂（或倍力凝或卡拉胶）的使用量在0.7%～1.0%。根据温度夏天用的培养基和保存苗用的培养基琼脂量可以大些，冬天和温室用的组培苗的培养基用量略少些，便于移栽。琼脂的软硬度与pH值有关，pH值在5的情况下不易凝固，pH值高于6会变硬，最宜pH值为5.8。

3.7.7　组培瓶的封口

通常可以采用带通气孔的瓶盖，比较省事，操作起来快。但是，时间久了，瓶盖与瓶口不能严丝合缝，加上瓶盖的通气孔处易磨损，造成污染，需在一定的时间内，挑拣剔除，降低污染率。另外一种采用封口膜再加一张透明的硫酸纸，在灭菌前，用棉绳绑扎，接上苗后，换上橡皮筋。每使用一次，硫酸纸弃之不用，封口膜继续用，因硫酸纸成本低，而封口膜比较贵，这样可减少封口膜的磨损。

3.8 马铃薯组培苗不正常现象

3.8.1 无菌虫害——葱蓟马

随着马铃薯产业的蓬勃发展，从国外引进试管苗屡见不鲜，但在继代繁殖中，出现了组培苗叶子有叶肉缺失、叶片变黄，严重致叶片脱落、萎蔫现象，培养基表面未见真菌、细菌（包括内生菌的菌落），严重阻碍了组培苗的扩繁，这种现象困扰着业内人士。同时近年来国内各大企业单位，为了筛选出高产优质的脱病原菌的马铃薯株系，广泛开展茎尖剥离，在产生的健康脱毒试管苗中，发现在国内的茎尖剥离苗和继代繁殖的组培苗中，也出现了类似现象。因此，引起了研究人员的注意，并对该种危害症状进行了鉴别，提出了有效的防治措施。

在无菌组培瓶苗内，发现有叶肉缺失，叶片鼓起很微小的小包，叶片由绿变黄或有落叶症状时，将瓶苗挑出来，打开瓶盖用肉眼直接观察和用鼻子嗅闻带症状的叶片，没发现任何致病菌。在双筒解剖镜下放大40倍观察，发现叶片上的叶肉缺失处有微小的物体（0.2～0.4mm）在游动，但是看不清楚具体是何种生物。通常在培养组培苗期间，除了植物组织在适当的温度和光照条件下静静地生长，培养器皿内无菌或无其他任何物体。为了确认微小的无菌游动物体是何物，将类似症状的组培苗继续培养，并每天观察，无菌游动物体每天在增大，在7天左右不再增大，行动迟缓，又过约6天，无菌游动物体变成了带翅膀的浅褐色小昆虫。发现给组培苗造成危害的元凶是小小的昆虫，为了有目标地根治这种无菌害虫，需要确认该虫在生物界的位置，将成虫制成玻片，在显微镜底下根据昆虫分类索引进行分类，认为是蓟马，随后请中科院动物所进行分类鉴定，确认为葱蓟马 [*Thrips tabaci*（Lindeman）]，属缨翅目，蓟马科，也叫烟蓟马、瓜蓟马，俗称鸡虱子，生活史为卵、若虫、成虫。查阅文献葱蓟马通常危害大田作物，如棉花、烟草、瓜类、马铃薯、甘蓝、甜菜、葱、洋葱、蒜、韭菜等20余种，是一种杂食性害虫。葱蓟马从植株组织培养的源头微茎尖剥离或外植体消毒的环节入侵，该虫卵非常小，抗逆性强，经得住杀菌剂的消毒，使其成了无菌昆虫。该虫可以孤雌生殖，生长温度与组培苗生长温度相同，因此有了生存的环境，其他入侵组培苗的途径还需进一步探讨。确定了致病物后在防治蓟马类的药物中筛选出适合放在培养基内的杀虫剂。先后采用了不同种类不同浓度的杀虫剂进行试验，如噻虫嗪（阿克泰）水分散粒剂、氟虫腈（锐劲特）胶悬剂、吡虫啉水分散粒剂、啶虫脒可湿性粉剂和吡虫啉可湿性粉剂，最终发现在MS培养基内加入10%吡虫啉可湿性粉剂，浓度在2000倍，可有效地防治葱蓟马对组培苗的侵害，在组培苗继代繁殖中，不再出现叶肉缺失、鼓起很微小的包、叶片变黄脱落等症状，组培苗能茂盛健康地生长。除了在培养基内放杀虫剂吡虫啉，还要同时对超净台、缓冲间、组培室和周转筐喷雾杀虫剂，杜绝蓟马的生存，注意组培室内和户外的周转筐和容器一定要分开使用，以免室外的昆虫被携带进组培室。

　　图3-46和图3-47为葱蓟马早期和后期危害症状。

图3-46　无菌虫害——葱蓟马早期危害

症状：发现有叶肉缺失，叶片鼓起很微小的小包，叶片由绿变黄或落叶症状

图3-47　无菌虫害——葱蓟马后期危害
症状：叶片危害形成许多细密而长形的灰白色斑，叶尖枯黄，严重时
成黑色斑点，叶片扭曲枯萎，在棉塞上能观察到葱蓟马的成虫

吡虫啉（imidacloprid），化学名称1-（6-氯-3-吡啶基甲基）-N-硝基亚咪唑烷-2-基胺，内吸性试剂，具有触杀和胃毒作用，容易被组培苗根系吸收，并进一步向顶分配，起到杀虫效果。吡虫啉熔点高达144℃，因此在制作组培苗培养基时能耐高压灭菌，性能稳定。吡虫啉对各龄抗性害虫有特效，与其他农药无交互抗性，具超强渗透性。

3.8.2　组培苗茎秆出现黑褐条纹斑点

有些品种如夏波蒂，当生长环境不适宜时，组培苗生长中会在茎上出现黑褐斑点，茎秆无杂菌感染，茎秆坚挺不软（图3-48）。

通过把茎秆表皮形态压片观察，观察到植株表皮无病原菌感染，而是表皮干出现龟裂纹，初步诊断为苗弱光照强所造成的灼伤（图3-49）。此类苗继代繁殖后，可健康生长，无污染。

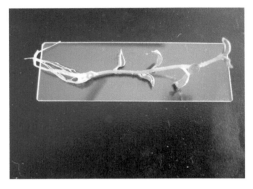
图 3-48　看似有问题的组培苗茎秆

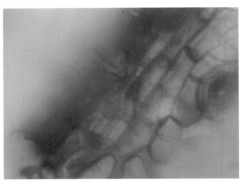
图 3-49　茎秆表面压片观察到的灼伤

3.8.3　组培苗茎秆出现浅黄褐色小鼓包

组培苗茎秆出现浅黄褐色小鼓包时，若打开瓶盖无味，则说明无污染（图 3-50）。

将浅黄褐斑小鼓包部位表皮组织压片观察，表皮组织和细胞形态与茎秆正常部位无明显差异（图 3-51）。

图 3-50　组培苗茎秆上的浅黄褐色小鼓包

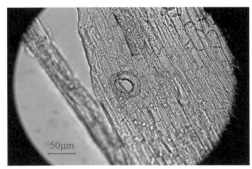
图 3-51　表皮组织压片观察正常

产生浅黄褐色小鼓包物质是一种生理反应，可能影响导管输运。或者是导管功能异常导致产生浅黄褐色物质鼓包，该推测还待进一步证实（图 3-52）。

将带黄褐色小鼓包茎秆的生长点，单株转接到组培瓶内，在正常的生长环境内，生长恢复正常。因此这类在不适宜的环境下，出现带黄褐色鼓包的生理现象的植株苗，可以继代扩繁，继代后的苗放置在理想的生长条件下，植株完全可恢复正常生长（图3-53）。

图 3-52　显微录像截图

3.8.4　弯钩组培苗

在产业化生产、组培苗大量扩繁中，有些组培室为了避开用电高峰，或节约用电，会将白天给光照改成晚间给光照，或16h的给光时间变成间歇给光照，会中间关闭光照，间隔2h或3h，再供给光照，同时组培室日累积温度偏高，就会造成组培苗生长点弯钩、不开叶[图3-54（a）、图3-54（b）]。若将光照与温度同步，昼夜有温差，夜间黑暗，白天有光照，组培苗会逐步恢复正常。

图 3-53　恢复正常生长的植株

3.8.5　烂头苗

在挑母苗时，会发现有一类苗，培养基上和根系上没有明显的杂菌感染，但是组培苗的生长点或苗的上半部有萎蔫的现象，此时，打开瓶盖能闻到细菌感染叶片的酸味，这类苗只能弃之不用，不能剪掉萎

　　　（a）　　　　　　　　　（b）

图 3-54　组培苗弯钩现象

的部分继续再转接［图3-55（a）、图3-55（b）］。这种细菌感染，是由于封口膜或瓶盖有细小的缝隙，培养温度落差过大，瓶内充满水汽，有细菌进入组培瓶感染了组培苗；或无菌接种室环境消毒不彻底，空气中有细菌落在植株叶片上，慢慢滋生了细菌。通常在无菌接种室启用前，超净台和无菌室必须用75%酒精进行空气消毒，其他消毒剂不能很有效地抑制空气中的细菌感染，请参照本章3.2.2和3.2.3。

（a） （b）

图3-55　组培苗烂头现象

3.8.6　强光低温对组培苗的冷灼伤

在白天过渡到晚间时温度偏低，低于15℃左右，但光照强度犹如白天，没有变化，这种情况会造成组培苗嫩尖冷灼伤，灼伤的症状从瓶外看像烂苗头，仔细观察是茎叶冷灼（图3-56），似乎烂头，但不倒，无腐烂的细菌味，可继续扩繁，无污染现象。

3.8.7 组培苗叶片发黄

马铃薯组培苗培养中，通常会出现两种不同情况的黄叶。

第一种是组培苗的底叶发黄，最后枯落，这种情况是由于母苗在生长中光照不够，叶薄，干物质累积比较少，当继代扩繁后，茎段的养分供给发根和新叶腋的生长，造成底部叶片养分不足而发黄（图3-57）。

第二种黄叶是整个植株从上到下都出现叶肉发黄，是MS培养基配制时，螯合铁液变成棕红色铁沉淀造成植株缺铁所致（图3-58）。

螯合铁在MS培养基中的作用是至关重要的，硫酸亚铁又称黑矾或绿矾，蓝绿色结晶体，化学性能不稳定，在空气中被氧化成棕红色的硫酸铁，特别在强光和高温下容易与磷酸盐形成难溶的磷酸铁沉淀，不能被植株吸

图 3-56　强光低温冷灼伤现象

图 3-57　光照不足造成的底叶发黄现象

图 3-58　缺铁造成的叶片发黄现象

收。因此，常常把硫酸亚铁（亦称 $FeSO_4 \cdot 7H_2O$）与乙二胺四乙酸二钠（亦称谓EDTA-2Na）螯合形成乙二胺四乙酸二钠铁，溶于水又稳定，呈浅蓝绿色，效果最好，植物易吸收，若螯合液成棕红色铁沉淀就不宜使用。

螯合铁的配制：每升MS培养基需分别称出硫酸亚铁（$FeSO_4 \cdot 7H_2O$）27.8mg和乙二胺四乙酸二钠（EDTA-2Na）37.3mg，充分溶解在两个容器内[图3-59（a）]，然后将硫酸亚铁溶液倒入乙二胺四乙酸二钠溶液中[图3-59（b）]，呈蓝绿色就可以放入培养基内，现配现用吸收效果最好。有时会被误解成螯合就是两种试剂用高温熬煮在一起再使用。

（a）第一步

（b）第二步

图3-59 螯合铁配制

图3-60 组培苗密度过大

3.8.8 组培苗只长茎，不长叶片茎秆颜色有深有浅

这类苗由于组培苗撒（或插）得过密（图3-60），培养温度太高，夜间低温时间太短，因而不适宜长叶片，植株不能正常光合作用，光吸收得过多的茎会发紫，光吸收得少的茎的颜色浅。通常每株组培苗占1.4～1.6cm²的培养基，一个

高9～12cm、直径在6cm左右的250mL培养瓶，培养基厚度在1.8cm，插16～18株组培苗是比较适宜的。昼夜有温差，黑暗最低温度需在17℃左右，白天温度控制在23℃左右，光照强度在3000 lx，组培苗会恢复正常生长。

3.8.9　培养温度过低的组培苗

有时培养光照长度和强度都比较合适，只是夜间温度过低，日累积温度不够，组培苗出现了复叶 [图3-61（a）、图3-61（b）]。提高温度，晚间温度在17℃左右，白天在23℃左右，苗子就能正常生长。

（a）　　　　　　　　　　　　　　　（b）

图3-61　组培苗复叶现象

3.8.10　组培苗基部长气生薯

出现这种现象通常是由于苗龄时间太长、培养温度偏低、光照时间太短，造成腋芽处形成小薯或底部结薯 [图3-62（a）、图3-62（b）]。

（a）　　　　　　　　　　　　（b）

图 3-62　组培苗气生薯现象

3.8.11　光弱苗细

有些品种需较强的光照，同一个品种采用相同的培养基，相同的生长日期，相同的光照长度，在不同的光照强度下，组培苗的长势完全不一样。在低于2500 lx 光照强度下，组培苗生长弱（图3-63）；而在5000 lx下，组培苗健康生长茎叶茂盛（图3-64）。

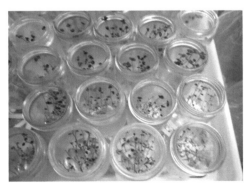

图 3-63　同一品种低于 2500 lx 光照　　　图 3-64　同一品种 5000 lx 光照
　　　　强度下的组培苗　　　　　　　　　　　强度下的组培苗

3.8.12　紫外线灼伤的组培苗

一般母苗送到超净台后，开风机和紫外灯不宜超过30min，若时间过长，超过4h以上，会对组培苗叶片造成灼伤（图3-65）。因此，每天没分完的母苗，需及时送回组培架。

图 3-65　组培苗被紫外线灼伤的现象

3.8.13　二氧化氯消毒剂危害的组培苗

二氧化氯浓度过大，会造成组培苗叶片萎蔫或叶肉褪色变白（图3-66）。因而接种或分苗室需慎重选用消毒剂的类型和浓度。

图 3-66　被二氧化氯消毒剂危害的组培苗

3.8.14　化学材料称样不准确导致苗不正常

在马铃薯组培过程中，有时会出现苗子生长不正常现象，如不发根、叶小、不拔节或拔节太长等。其中有一个原因是称样不准确，如图3-67右边培养基中苗子的症状就是钙称多了，左边培养基中苗子的症状为正常的。生产中应及时发现苗子生长的差异，如果连续继代繁殖两代，尚未发现称样出错，苗子会越长越差。

图 3-67　称样差错造成的植株生长
不正常（右棵）
左棵为正常组培苗

3.8.15 组培苗叶片出现小黄点状的愈伤颗粒

有些品种对低温高湿敏感，当晚间温度低于15℃，瓶内相对湿度在85%左右时，会有这样的生理反应。分苗扩繁后，在正常的条件下生长，这种愈伤颗粒消失，恢复正常，这类苗可以继续扩繁［图3-68（a）和图3-68（b）］。

（a）　　　　　　　　　　　　（b）

图3-68　组培苗叶片出现小黄点状的愈伤颗粒

3.8.16 组培苗叶片上出现黑斑成片的症状

在组培苗叶片上会出现成片的黑斑，但培养基上没有杂菌污染斑点（图3-69）。

从放大后的图片可以看到，叶片病斑部位叶肉组织已基本消失，强光可以直接在病斑部位穿过（图3-70）。取病斑部位组织在水中压碎涂布显微观察，能见到大量游动微生物，见显微录像截图（图3-71）。将组织液固化后采用亚甲蓝染色观察，能见到大量微生物细胞（图3-72），综上观察可知黑斑成片是某种病原微生物所致，因此此类苗应弃之不能转接。

图3-69 组培苗叶片上出现黑斑成片的症状

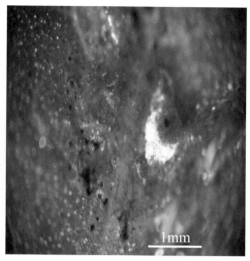

图3-70 病斑部位透光

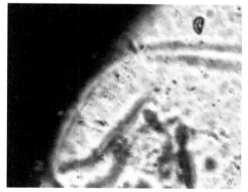

图3-71 显微录像截图

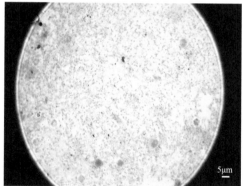

图3-72 采用亚甲蓝染色观察到的结果

3.8.17 甲基杆菌属粉红色细菌的感染

图3-73为感染甲基杆菌属粉红色细菌的组培苗。这类菌防治同内生菌的治理（本章3.9节组培苗内生菌感染）。

图 3-73　甲基杆菌属的粉红色细菌感染现象

3.9　组培苗内生菌感染

内生菌可能是一种革兰氏阴性菌（*Stenotrophomonas* sp.）寡养单胞菌。据报道该菌存在于土壤、尘土、淡水、湖泥、植物叶表等环境中，最适生长温度在 $25 \sim 30℃$。

在生产淡季，按照操作规程分苗，工作量小，相对组培苗内生菌感染概率小或不发生。但凡产业化生产旺季，组培苗均会遇到内生菌的感染，这是分苗速度与分苗质量的矛盾点，计件制给薪酬，就会使工人速度加快，相对忽略了操作规程，增加了内生菌的感染率。早期感染症状见图 3-74；严重感染症状见图 3-75。

内生菌最大的危害是随着组培苗的扩繁，内生菌不断增多，表现为组培苗不长根，易烂苗，不能继代扩繁，严重时，能使组培苗全军覆没。若移栽到大棚生根会比健康苗慢许多，还容易死苗。因此在感染早期就需加以识别和剔除，做到"一看二闻三观察"，从挑母苗起，一看瓶底组培苗根部是否有内生细菌污染；二打开瓶盖闻，有内生菌感染的瓶苗会闻到细菌侵染的酸味；三观察，内生菌初期感染用肉眼不易确认，需仔细观察植株

图3-74 内生菌早期感染

图3-75 内生菌严重感染

根部是否有牛奶状的乳白色液体小点，若发现需及时挑出来，不能再作为母苗继代繁殖。但是，这类刚轻微感染内生菌的组培苗可以直接移栽到苗床的蛭石上，在户外通风且有阳光的照射的情况下，内生菌在植株体内不再生存。

接种器械灭菌不彻底是引起内生菌感染的原因之一，例如灭菌器中间依靠石英珠球导热杀菌，器械使用时会带些植株的叶汁，过于频繁换器械会造成石英珠球粘连上不干净的物质，引起内生菌的发生。因此，电子灭菌器内的石英珠球需勤洗，经高压灭菌后，放回灭菌器内使用。

用酒精灯灼烧消毒接种器械时，没有按照接种规程来操作也容易引起内生菌感染，每分完一瓶母苗，需将接种器械浸泡于酒精内，在酒精灯上灼烧消毒，然后再接下瓶母苗。

组培工作者一直试图寻找药物防治内生菌，可在市面上购买抑菌剂或采用抗生素，如卡那霉素、青霉素G钠、青霉素G钠+链霉素等，大部分试剂对当代组培苗是有一定效果的，再继代扩繁内生菌还会继续生长，不能根治。例如采用80倍的阿莫西林能有效地防治一代或二代扩繁苗，但是继续扩繁仍会出现内生菌。而且，有些杀菌剂不能经高压灭菌，灭菌后药效差，还气味难闻。有些商品化的抑菌剂在常温下只有20多天的有效期，超过这段时间，抑菌剂的抑菌作用会自动丧失。因此内生菌需综合根治：一是在选母苗时，认真仔细选根系干净的健康苗。二是在培养生长时，注意光照强度和长度，昼夜要有温差，光照充足。三是做好无菌室和超净台消毒工作，用消毒片擦台面，用75%酒精进行空气消毒（75%酒精要喷匀，用量要到位）。四是接种器械每天下班后要洗干净并高压灭菌，接种灼烧器械时，酒精内的水分要烧透。五是操作人员衣帽干净（工作服应经常清洗），戴上口罩，在无菌室不能大声喧哗（防治口腔菌感染培养基）。六是发现内生菌且无健康组培苗可选择，可采用茎尖剥离的方法来脱除内生菌。

内生菌在植株中的分布和采用药剂处理除去内生菌的方法：

将从根部能观察到感染内生菌的植株，分上、中、下部三种茎段剪下：最上面的部位是二叶一心带生长点的茎段；中间部位是剪去生长点后，下面带一片叶的中间茎段；下面是靠近根部上方带一片叶子的部位。分别扦插在MS培养基上（培养基在高压121℃条件下计时灭菌18～19min，缓冲间冷却后，送无菌室），每部分转接30瓶，生长8d后，观察内生菌的分布情况。

8d后，调查结果发现，植株三个部位均染上内生菌，内生菌伴随着每个植物细胞共同生长，只是菌落大小有差异，靠近生长点的茎段内生菌略轻些（表3-2），在试验中发现植株最顶端的分生组织内也含有内生菌。

表 3-2　组培苗不同部位的茎段内生菌分布情况调查表

茎段部位	转接组培苗瓶数	有内生菌的瓶数	带内生菌比例 /%	菌落直径 /mm	感染程度
带生长点的茎段	30	30	100	0.1～0.2	轻
中部茎段	30	30	100	0.2～0.3	中度
下部茎段	30	30	100	>0.3	严重

判断感染程度的标准：感染轻度为仔细看才能观察到内生菌，直径为
0.1～0.2mm，感染中度的菌落直径在0.2～0.3mm，感染严重的直径0.3mm
以上菌落成团状。感染从轻到重的排序为带生长点的茎段、中部茎段、下
部茎段。由此可见，只要在根部发现内生菌，整棵植株均被感染，只剪生
长点是无法脱干净内生菌的，只能减轻感染程度。

在以上观察的基础上，选取感染内生菌最轻的部位——带生长点的茎
段，用0.1%升汞（$HgCl_2$）浸泡处理。浸泡处理设定4个不同的时间段：
100s（第1组），110s（第2组），120s（第3组），140s（第4组）。另设一个
感染内生菌组培苗的对照组（CK），不做任何处理。每个处理各为30瓶，
对照组30瓶。

操作时，将剪下的茎段浸泡在处理的试剂内，并不断晃动，使试剂作
用到茎段的每个部位，然后用无菌水清洗4～5次，将茎段放在经高压灭菌
的滤纸上吸干水，滤纸在使用前，用镊子夹住在酒精灯上转圈烤一下，这
样做能充分吸走外植体上的水分（降低污染率），然后插在灭菌过的培养基
上送培养室培养，8d后观察杀菌效果及各处理对组培苗生长的影响，结果
见表3-3。

表3-3　0.1%升汞的杀菌效果和对组培苗生长的影响

处理	处理瓶数	处理后干净瓶苗	干净瓶苗率/%	带损伤点的瓶苗	损伤率/%
1	30	26	86.7	0	0
2	30	30	100	0	0
3	30	30	100	9	30
4	30	30	100	30	100
CK	30	0	0	0	0

由于杀内生菌的化学试剂对组培苗正常细胞也有损伤，需观察统计对
植株造成损伤的枯斑点。表3-3数据表明，对照组无干净瓶苗，第1组处理
后干净瓶苗率在86.7%，其余3组均为100%，但是第3组和第4组对组培苗

叶片有损伤，唯有第2组（110s）处理时间最佳，干净率在100%，对组培苗无损伤。

　　在实际的规模化生产中，用0.1%升汞处理组培苗内生菌110s是最有效的。用以上方法处理得到的组培苗，根据笔者的经历，即使经过多代的继代繁殖，只要没有环境因素和操作因素的影响，未见有内生菌的出现。

第4章

马铃薯脱毒微型薯生产程序

通常采用脱毒组培苗生产的第一代小薯块为马铃薯的第一代种薯（G1或原原种）。目前国内分三大类形式生产，第一类采用短日照、低温、调节植株生长素和二次增加营养液等措施，在不同大小的容器内结小薯，块茎大小在0.7～2g之间，称之为试管薯（Microtuber）。其特点是运输和储存方便，但块茎较小不宜直接播种在大田，需在有园艺保护措施条件下种植一代再播于大田。第二类将组培苗移栽在育苗穴盘内，在大棚内炼苗成长后，直接种植到网室或塑料大棚的土壤上，其特点是块茎大，略比大田收获的种薯小，产量高，生产出来的薯块称之为小薯（Smalltuber），但是过早直接种植于土壤内，易感染真菌或细菌病害。第三类将组培苗移栽在苗床上，采用无土栽培的方法生产脱毒薯块，块茎大小在2～20g之间，称之为微型薯（Minituber）。微型薯兼有以上两种生产方式的优势，抗逆性强，可直播于大田，并不易带土传病害。无土栽培分为无基质栽培和有基质栽培两种，无基质栽培是指没有固定植株的基质，根系直接与营养液接触，包括水培和雾培；有基质栽培是利用基质固定根系，通过基质吸收营养液，微型薯生产广泛使用的基质有蛭石、椰糠、细沙、稻糠、珍珠岩和草炭等。值得一提的是采用草炭作为部分培养基质，一定要消毒处理，草炭内腐殖质含有丝核菌，易感染植株，相对采用纯蛭石作为培养基质比较安全。本章节介绍的微型薯生产，即将马铃薯脱毒组培苗在保护设施条件下，定植在栽培基质中（基质为蛭石、椰糠和稻糠等）而形成的健康脱毒微型种薯，即马铃薯的原原种（G1）。

4.1 无土栽培的苗床准备和相配套的园艺措施

4.1.1 苗床准备

离地的苗床大约分成三类：第一类在畦面铺4cm左右厚的小石子与土壤隔绝，小石子做畦，上面铺纱网和黑膜；第二类是用钢丝和铝合金做成的低架苗床，架起来离地5～10cm高（图4-1）；第三类是用钢丝和铝合金做成的高架苗床，以水泥墩子为基座，以角铁为支柱的床架，离地60～80cm高（图4-2）。不建议使用石棉瓦做苗床，一是石棉瓦高低不平，苗床铺上基质厚度不一致，苗期不会长得很整齐，二是石棉瓦使用久了，会渐渐释放出硅酸盐类矿物纤维，对植株生长有影响。三种类型的苗床均先铺纱网，再铺黑地膜（图4-3），黑地膜规格0.2mm（或称2丝），在黑地膜铺蛭石前，前后左右每隔40cm扎个小孔，基本看不见网纱，便于根系通气，不存水。也可以直接采用黑地布铺于苗床，透气性好，但是成本略贵。每季收获完毕，黑地膜弃之不用（黑地膜相对价格比较便宜），纱网消毒后可以重复利用。苗床挡板高度在10～12cm，所有的苗床上方均需有插小棚弓子的园艺装置，便于盖上塑料膜保湿，透光率高，塑料膜规格0.3mm（或称3丝），由于这类膜成本低，用一季即可弃之不再重复使用。用过厚的膜价格高，

图4-1　低架苗床

再次使用时，需消毒处理，而且透光率会有所降低。应准备好无纺布、尼龙布、喷胶棉制成的小棉被御寒，这对组培苗和扦插苗早期发根起着至关重要的作用。

图 4-2　高架苗床　　　　　　　　图 4-3　苗床先铺纱网，

再铺黑地膜

大棚内苗床数量可视大棚宽度而定，大棚若 6m 宽，分成三个畦，大棚若 8m 宽，分成四个畦。四周用两层砖垒畦埂，畦高 2 块砖，高度 10 ～ 12cm，或高床用铝合金材料作挡板，高度也是 10 ～ 12cm，床面宽 1.4 ～ 1.5m。床面过窄，温室或大棚利用率低。中间作业道 40 ～ 50cm，铺上黑地布或黑地膜，防草和杂菌。床面过宽有诸多不便：一是不利于移栽组培苗，人工操作手够不到，需加木板，影响操作速度；二是苗床上每隔 1.5m 需插弓子，弓子长度 2.4m，采用竹弓、钢筋索拉条（直径在 4mm，经得住覆盖物的重量）和有弹性的实心硬塑料弓均可以；三是育苗床早春和深秋需覆盖膜和御寒的无纺布或小棉被，床面太宽，施加园艺设施不方便，通常 1.4 ～ 1.5m 的床，配 2.3m 宽的膜和小棉被正合适。苗床长度不限，但是 28 ～ 30m 的长度较合适，便于操作。

4.1.2　培养基质的准备

铺培养基质，首先畦底和床面要平，铺上蛭石基质（选用颗粒适中的四号蛭石）或椰糠（提前浸泡），铺7cm左右，撒底肥，每平方米基质施40～50g氮磷钾复合肥，亦可以将肥溶在水中喷施，或喷施MS营养液，每平方米基质喷施1L营养液，再铺3cm的基质。栽苗前1d或2d，苗床喷浇清水，采用400目浇水喷头，先用1寸（1寸＝3.33cm）水管连接抽水泵，之后转换到6分（1分＝2cm）的水管，出水量比较合适。3分地（1分＝66.7m²）大棚，四号蛭石大约浇底水6桶（1200L/桶），约7200kg，喷浇后，让蛭石充分吸水膨胀，从畦底取出蛭石，用手攥不滴水，指缝见水就可以了。第二天移栽组培苗前，用清水过一遍，即可移栽组培苗。

早春加地加温线增温。当低温低于8℃时，可以采用地加温线，增加苗床温度，提早移栽下苗。

4.1.3 配套的园艺措施

3分或5分地的大棚两头各设棚门，温度过高时，便于两头通风降温，并设为双门，大棚原配的塑料膜门和用40目的纱网做的二道门，同时在塑料大棚两侧或顶部设双重通风和降温出口，两侧的宽度为90cm，一层大棚塑料膜，一层90cm高的40目的纱网，采用摇杆控制，当温度偏低时，放下摇杆，塑料膜随之下落，封闭大棚，起保温作用（图4-4）。当气温过高，摇起摇杆，塑料膜卷起，通过纱网通风降温，同时，打开两头的一道塑料膜门，关上第二道纱门，若阳光炽热，可以在中午拉上遮阳网，能有效地降低棚内温度，尤其离地的苗床，高温强光下，水分蒸腾加快，容易造成苗子脱水，中午期间适时拉遮阳网，可保水降温，满足苗子的生长。通常热空气往上升，离地30cm、90cm的温度是不一致的，越往上越高。因此在微

图4-4 封闭的大棚

型薯生产中，需关注苗床基质的温度和苗床植株上方30cm左右的温度。

在温度偏低的季节移栽苗或深秋延长微型薯的生育期，除了启用地热线，可以在棚内用塑料膜设置高1.2m高的二道底围子和增加一层厚塑料膜的门帘，用大棚卡卡上封门，能明显地提高温度。总之在移栽苗前，需准备好相关的农用物资，如遮阳网、弓子、薄膜、御寒无纺布、小棉被、农药和配营养液所需的化学试剂等。

投资略大的现代化智能温室（图4-5），内部设置可移动高架苗床，自动供水肥、打药和排水系统，统一电动遮阳网，可电动覆盖御寒小棉被。温度过高时，开启风机和水帘降温。温度过低时，有供暖提温系统，满足微型种薯生长的需求。注意温室上方一定有一排坡型内带纱网的通风窗，当温度过高时，及时排风降温，尽可能少拉遮阳网，马铃薯是喜光作物，光照好，薯块饱满。

图4-5 现代化智能温室

4.1.4 大棚和温室外围的要求

大棚和温室所处的位置需远离茄科作物，棚与棚之间需保持在3～4m，互不影响阳光的照射，中间需挖40～50cm深的排水沟，便于突如其来的雨水被及时排走，不影响棚内苗子的生长，使苗床始终处于高处，有利于通风与水分蒸发。棚边可以铺黑地膜或黑地布防治杂草生长，减少媒介昆虫的栖息之地（图4-6）。

图 4-6　棚间排水沟、棚边铺黑膜

4.2　组培苗的种植程序

4.2.1　组培苗移栽方法

　　组培苗移栽到温室或大棚，有两种方法。第一种方法是将在容器内的组培苗，先移到温室或大棚炼苗，棚内的光照强度高于组培室的灯光提供的光照强度，炼苗一周左右，把大棚内的组培苗拔出来移栽到温室或大棚，再将组培瓶和封口膜清洗，送回组培室再次利用。通常这类组培苗在培养瓶内放的棵数比较多，苗略弱些，通过炼苗不断健壮，提高在室内培养的组培苗移栽到大棚和温室后对生长条件的适应性，从而提高移栽后的成活率。第二种方法是在组培部门的出苗室，将组培苗从培养瓶内拔出，除净根部的培养基，整齐地放在塑料框内，待移栽。这类苗需达到组培苗成品的标准：组培苗植株健壮，株高8～10cm，叶片舒展，叶片数8～10片，根系发育正常，根系长9～10cm。

　　出苗期间，需注意要人工将组培苗根部的培养基清理干净，不提倡用水洗苗。两种洗苗方法的比较：一种是用水洗除组培苗根部的培养基，然后移栽，另一种是人工用手清理干净组培苗根部的培养基，不过水直接移栽，7天后观察结果，用水清洗的组培苗的成活率和生长势低于人工用手清理干净不沾水的组培苗。

　　上述第一种炼苗法，比较粗放，在组培室时间相对短些，能节省能源，出苗多；但是由于炼苗在相对开放的环境中，会提高污染率，损耗大。且组培室的周转筐和组培瓶移到室外大棚内，易将室外的昆虫卵带到组培无菌区域，造成组培苗染上蓟马之类的微小昆虫。若是采用有通气孔的瓶盖或封口膜在室外弄脏了需用水清洗，清洗中，会造成封口膜的破损，缩短使用寿命，增加了生产成本，若破损很微小，不及时挑出来，会给下次使用留下受污染的隐患。第二种方法在室内把组培苗直接拔出来，清理干净培养基，用生根水处理，直接移栽，成活率相当高，几乎100%。不足是在组培室时间长，苗龄在18～20d之间，直径6cm的组培瓶只能放16～18株，出苗量少，组培苗在生长中，有一定的管理要求。但这样的组培苗叶片肥厚，拔出来的苗有根茎叶［图4-7（a）、图4-7（b）］，移栽到大棚，通常在保温、保湿的条件下，3d内组培苗浅绿色的根转化成白色根，7d长出新的根须，就可以浇营养液，10～12d根系就抱团了，苗子就可以进入苗期生长。

（a）根系发达

（b）茎叶片肥厚

图4-7　待栽的组培苗形态

4.2.2　生根剂处理

组培苗或扦插苗在移栽前，通常采用10×10^{-6}（1g ABT生根粉溶解于500mL 75%乙醇中，加500mL水，定容至1000mL，即为1000×10^{-6}的母液。取母液10mL+水1000mL=10×10^{-6}）浓度的ABT生根粉浸根15～20min，ABT生根粉成分是吲乙·萘乙酸，在植物体内能诱导乙烯生成，内源乙烯在低浓度下有促进生根的作用。吲哚乙酸是植物体内普遍存在的内源生长激素，可诱导不定根的生成，促进侧根增多。处理过的苗生根会比不处理的苗生根略快些，不用生根剂处理的苗也可以正常生长。

将拔出的组培苗整齐地码在带孔眼的塑料筐内，浸泡在配好的ABT生根粉水溶液中。假如扦插苗苗龄略老或扦插季遇到温度偏低的情况，可在生根剂内，加入5×10^{-6}的GA_3（赤霉素）浸苗，可以抑制植株成熟和衰老及气生块茎的形成，增加自由生长素含量，促进植物茎和叶的生长。成筐处理好的苗，放在湿润的无纺布上，同时在筐上盖上湿润的无纺布或薄布，送往大棚或温室移栽，原则上当天洗出的苗，当天移栽种完，这是保证高成活率和正常生长的重要环节。

4.2.3　移栽和扦插组培苗注意事项

（1）工作人员注意个人卫生，工作服干净整洁，统一采用23cm长的腔镊栽苗，定期消毒剪刀和镊子。尤其换品种时，需将放苗的筐、保湿布和涉及的工具器械，统一清洗和消毒。

（2）注意拿镊子的姿势，不要将组培苗揉坏、折断，用镊子夹着根部栽于松软的基质内，深度在2cm左右即可，此深度不会影响根部正常形成匍匐茎；不要将苗穴插得过大，以免造成根系不能紧贴蛭石，根系外露影响苗子发根速度。

（3）移栽后的管理　整个畦移栽结束，及时喷一遍清水，喷清水的目的是使基质均匀地封住根部周围的空隙，让基质与刚移栽的组培苗的根互相贴紧，保住湿度，发根快。打一遍1000倍的农用链霉素和800倍甲霜·锰锌等，确保扣小棚期间移栽苗健康成长。根据天气温度情况，在小拱棚上，盖上薄膜和遮阳网，保湿遮阳。夏秋苗期的管理既要保湿又要防止烂苗，要注意降温通风。早春的苗子要御寒增温，确保苗子的成活率。在正常温度下，苗移栽后的7d内，小拱棚上的塑料膜不能掀开，具有保湿和保温的效果（图4-8）。7～10d后移栽苗发出新的根须了，才能掀膜进行通风管理。

图4-8　保温保湿的小拱棚

当温度偏高时，在大棚顶部拉上遮阳网，同时在小拱棚上盖上遮阳网，并将小拱棚两头的膜掀开通气，以防温度过高。组培苗移栽后7d内需特别细心管理，除了小拱棚内相对湿度在90%左右，白天强光照时，需拉遮阳网，到黄昏太阳近落山时，需除去遮阳网，让苗子见光，至第二天8点左右，温度上来了，再将遮阳网拉起。若拉上遮阳网不管理，昼夜都盖着遮阴网，直到第7d或10d长根再撒，这样的苗子底叶会发黄，植株生长得细弱，不强壮。

移栽苗在生根抱团后，就可以进入苗期管理，此时的苗床上的苗子可以分两类用途，第一类是直接生产微型薯，可根据产品的要求调整微型薯规格大小或轻重，在移栽时，通过株行距和蛭石厚度的调节，实现微型薯大小的调控。若采用铝合金条作标尺，每6cm或5cm为一个刻度，放在1.5m宽的畦中间，畦两边各栽上12株或10株，此时的株行距是6cm×6.26cm或6cm×7.5cm，这样的株行距能产出比较理想规格的微型薯。同时根据当地的气候条件和适合微型薯生长的温度范围，株行距可以更宽些，总之，应选择出适合本地区的种植密度，合理的株行距是提高投入与产出比的条件之一。组培苗移栽后的第二类用途是作为无性繁殖的扦插苗源。

4.3　苗源的建立和利用

建立苗源的苗床移栽密度可以大些，株行距略窄些，出苗数量多些，株行距通常6cm×6cm，每穴1株或2株。组培苗直接移栽在培养基质上，发根后，喷浇营养液，通常两周后，植株长出新根，茎叶繁茂就可以作为苗源（图4-9）。苗床挂黄粘板，可以随时观察是否有小飞虫。

图4-9　苗源

从苗源的植株上剪二叶一心的生长点，作为扦插苗。作为扦插苗的苗源需具备的条件：一是苗床不能缺水；二是苗床晚间温度不能过低；三是植株的生长点抱紧向上；四是母苗苗龄较小，地下部分未见膨大的小薯块。这类苗可以剪取带生长点和二片嫩叶的茎段为扦插苗，剪出的扦插苗呈Y形，不能呈V字形（图4-10）。Y形的扦插苗，扦插于基质内能及时吸收水分，发根快，见图4-11。而V字形的扦插苗吸足水分后，底部的二叶会饱满肥大些，二片叶撑起，使茎腾空，无法吸收培养基质的水分，影响长根，甚至萎蔫干枯，降低扦插成活率。

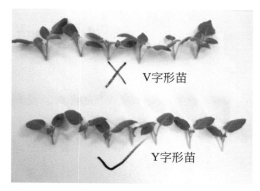

图 4-10　扦插苗要呈 Y 形，不能呈 V 形

图 4-11　扦插 Y 形的苗

　　剪下合格的扦插苗尖，需用 10×10^{-6} 浓度的 ABT 生根粉浸泡 15 ～ 20min，控水再扦插，这类苗生根比较快，通常温度合适的情况下 4 ～ 5d 发出根，8 ～ 10d 根系成团。注意不提倡剪只带一片叶的茎段作为扦插苗，因为没有二叶一心带生长点的顶端生长优势，发根慢，遇上天气不好，一片叶很难支撑到长出根系，仅有的一片叶会干黄，成活率低，苗床不整齐，难管理。剪切过度，会影响母株的正常生长。一般苗源剪切一次二叶一心，喷施一次苗期营养液，间隔 5d 左右，可再剪切一次，被剪二茬或三茬的苗源进入生长期管理，不会影响作为苗源的植株正常结薯。扦插苗管理需更精细，从组培苗移栽起，到收获生育期需达到 95d，越长产量越高，能达到 120d 更佳，而扦插苗 80 ～ 85d，可以获得比较理想的产量。但是扦插苗比组培苗移栽的管理难度要大，扦插苗除了以上提到的苗源苗龄要小外，还需要扦插时自然光照长度不少于 12h，晚间苗床温度最好不要低于 12℃，白天温度可以在 28℃左右。从扦插上苗起，需搭拱棚，盖上薄膜保持湿度，小拱棚需盖得严丝合缝，不漏气，用手拍膜，能滴下水珠，棚内相对湿度在 95% 以上。白天有强光时，需盖遮阳网，黄昏掀去遮阳网，让扦插苗见光，发根时的光照在 4000 lx 左右，随着根系的不断生长，渐渐增加光照，8 ～ 10d 根系发育正常，进入苗期管理。通常组培苗苗源第一次剪的苗出苗率在 60%，第二次的出苗率在 80%。扦插苗是否能成功的四个注意事项：一

图 4-12　起身的苗

是苗源苗龄要合适，扦插苗不能过老，长复叶的植株不能用来作扦插苗，扦插后8～10d之内根已成形，用手提叶片，已带不出植株了，根扎稳固了，开始喷浇肥水，植株进入起身、长高、长壮阶段（图4-12）。二是苗床不能缺水，移栽方法要正确，将茎插入基质内，能吸到水分，保持小拱棚内的相对湿度在95%以上。三是苗床温度不能过低，18℃左右是适宜发根的温度，小拱棚空气温度在25℃左右，可采用多种园艺措施保住温度。四是注意苗床基质水分的酸碱度pH值在6.5左右比较好，不能太偏碱，水的EC值过高，不易长根。无论是组培苗还是扦插苗，只要掌握微型薯的生长节奏，搭配合理的管理措施，都能产出高产优质的微型薯，图4-13是苗源（品种Innovator）移栽48d时膨大的块茎，图4-14是扦插苗（品种Shapody）扦插后60d结的薯块。

图 4-13　苗源移栽 48d 时
的块茎

图 4-14　扦插苗扦插 60d 时
的块茎

4.4 微型薯生产的日常管理

4.4.1 温度

生根期在整个生育期中，需要温度偏高些。通常组培苗3d左右发出新的根须，7～10d可发新根抱团，而扦插苗5d左右发新根，在10～12d左右根系抱团。移栽或扦插苗生根期的白天温度在25℃左右，晚间温度15℃，最好不要低于10℃。假如温度偏低，苗床水分不充盈，会导致植株结气生薯，影响植株的正常生长。克服低温的方法：选择合适的种植季节，掌握农时季节，并采用园艺保暖措施，如温室或大棚加双层底围和二道门，上方用双膜，晚间膜上盖无纺布或喷胶棉的小棉被（图4-15）。

当外界温度在10℃左右时，不能满足马铃薯生长的要求。可以采用闷棚的方法提高温度（图4-16）。大棚或温室不开纱窗，亦不掀小棚膜，使温度提高。通常在早春和深秋采用此方法效果较佳。

图 4-15　加盖小棉被

图 4-16　闷棚

移栽或扦插后12d之内温度保持在18～23℃，生根快，发根好。此时的苗子用手轻轻地拎起，已经拔不出植株了，植株正常发根已抱成团（图4-17）。此时，苗子进入养苗起身期，白天适宜温度在22～25℃，晚间在18～15℃，不能缺水和养分，让植株苗壮生长，生长到株高15cm左右，开始蹲苗。

图 4-17　移栽或扦插后 12d 的苗

蹲苗的目的有两方面：一是让苗床上层基质少含些水分，根系通气好，主要基质表层干燥后，根系自然往下生长，甚至达到底部黑膜，健壮发达的根系是微型薯高产的基础。根系养好了，苗子的生长期就延长，生长期越长，产量越高。当遇到低温或缺水时，根系发达的植株抗逆性好，不会出现很快回秧的现象，造成早衰。二是蹲苗时控水和低温能诱导匍匐茎的产生，缺水能导致植株营养往下，促进结薯，蹲苗时间在 7～10d，视苗的长势而定。通常晚间外界最低温度低于 12℃时，小拱棚需盖膜，大棚摇杆可以不摇起来，关闭门窗保温。外界温度高于 15℃时，掀去小棚膜，打开温室窗户或摇起大棚两侧的通风膜和打开棚两头的门，只留纱网门和通风纱窗。当苗床的植株普遍产生匍匐茎了，即从蹲苗期进入了微型薯膨大期，此时肥水需跟上，不仅能让薯块慢慢膨大，而且植株根系继续保持旺盛的生长力，地上部分的营养体与地下部分块茎同时生长，这样植株不会徒长。蹲苗到出匍匐茎的生长过程控制在扦插或移栽后 30d 内，这类苗茎粗壮，叶片肥厚油亮，结出薯块大、产量高（图4-18）。

蹲苗的好处是不会造成地上部分的植株非常茂盛，许多养分消耗在地上部分的茎叶上，从而使地下薯块小的居多。微型薯植株的最佳生长温度为 15～25℃，结薯期苗床基质适宜温度为 15～18℃，加大温差利于结薯。在温度管理中，选择适时的种植时间段最为重要。日常管理增温措施包括

图4-18 蹲苗后，植株进入薯块膨大期

加盖小拱棚，盖双膜，增设地热线，无纺布和喷胶棉被的覆盖等；降温措施包括温室或大棚两头和两侧摇起摇杆通风，拉遮阳网、水帘等。

整个生育期温度偏低，植株易结气生薯，日累积温度偏高，容易徒长，植株茎细，不出匍匐茎。通常早熟品种的有效积温在1500～1700℃，晚熟品种在1700～2000℃。积温不够会使干物质的累积受阻，糖分高，淀粉低，影响微型种薯的成熟度或导致微型种薯不耐储存。

4.4.2 光照

移栽后的组培苗在发根期不需要很强的光，尤其是扦插苗，光照强度一般在4000～8000 lx，随着苗子生长，光照强度不断增加（图4-19）。

植株生长期的光照长度在12～14h，植株生长期光照强度（不包含移栽生根期）在20000～35000 lx。结薯期光照长度在10～12h，光照强度在20000～30000 lx比较合适。离地高架床，光照过强，会加快水分蒸发，缺水影响根系正常运行。通常在植株根系抱团后，植株起身长高长壮，

图 4-19　测光照

从蹲苗期薯块膨大，至收获期均需要较好的光照，因此，在温度较高的时段，为了降温需要拉遮阳网，可采用65% ～ 75%遮光率低些的遮阳网，或拉遮阳网的时间尽可能安排在正午，时间不宜过长，阳光充足条件下生长的植株，后期叶厚茎粗有产量（图4-20）。因品种和条件而异，马铃薯的光饱和点一般为28000 ～ 40000 lx，晴天的自然光照远高于40000 lx，可到55000 ～ 60000 lx。因此，拉遮阳网除了合理降温，也起到调节光照强度的作用。

图 4-20　阳光充足条件下生长的植株

4.4.3 水与湿度

移栽苗前，苗床要提前准备好，底水需喷浇均匀（请参考本章4.1.2培养基质的准备），底水打完后第二天观察苗床表面，颜色是否均匀，若有深有浅（图4-21），说明苗床底水浇得不均匀，在颜色浅的地方需补水，直到床面基质颜色均匀，底水喷浇充足，才可以移栽组培苗。

图4-21 苗床底水不匀

底水喷浇得到位均匀，可给以后的管理打下良好的基础。首先水分和小棚内湿度合适，无论是组培苗移栽还是扦插苗都会发根快、植株营养生长期苗起身整齐、每个温室和大棚的生长势和植被一致、蒸发量和受光照均匀。若底水喷浇得不均匀，部分水分充足的床面，苗能正常长根，而部分水分不够的床面苗会长根慢，或迟迟不长根，若遇到低温，就会提前结气生小薯，根系不发达，寥寥几根根须，整个苗床的植株生长很不整齐，后期会增加补水工作量，达不到整个苗床苗子同时起身、影响蹲苗和结薯的效果。规范喷浇底水尤为重要，无论是人工或机械化喷浇底水，需经过培训的员工才能上岗独立操作。图4-22属于底水喷浇不均匀，后期补水没跟上，出现苗床缺苗、不整齐的现象。

图4-22 苗床底水不匀造成的后果

　　植株根系正常生长后，进入苗期生长，每隔5～7d浇1次营养液或清水，每次浇水需浇透而不存水，切忌出现上表层湿、蛭石中部和底部比表层干的情况。以3分地的大棚为例，苗期每次的浇水量在1000～1200L，可以根据当地的气温变化，掌握正确的用水量。当植株起身后15～18cm高时就需要蹲苗、壮根和诱导匍匐茎，此时，需控水，使植株根系往底层找水，确保根系扎得更深、更发达，并给予足够的光照，使植株生长茎粗壮、叶肥厚（图4-23）。

图4-23 苗期生长健壮的植株

植株渐渐进入匍匐茎膨大初期时，需保持植株地上部分与地下部分同时生长。技术要点：不缺水，温度平稳，苗床培养基质见干见湿，保持良好的通透性。逐渐进入薯块膨大后期时，浇水慢慢减量，每个棚浇800kg，间隔时间缩短，以少浇多次的形式，保持基质湿润不存水，植株与薯块营养均衡生长。若水分喷浇过量出现存水现象，会造成根系通透不好而窒息，影响植株对养分的吸收，严重的会使根系提前衰老。若水分不够，亦同样造成根系萎缩。因此，组培苗移栽后60d左右是温室大棚管理的关键，水和温度管理合适了，根系养好了，植株生长期可延长至95～120d，这期间，苗床基质要见干见湿，保持基质湿润，不能缺水，又有较好的通透性，相对湿度在65%～70%之间，植株不再明显长高，没有明显的植株的生长点，叶片油绿，光合作用的养分不断往下输送，这样的长势产量高。假如在管理上比较随意，不采用必要的园艺措施呵护苗子，或遇到极端气温，没来得及采取保护措施，植株生长到50～60d，地下部分结的薯块迅速膨大，地上部分植株加速消耗，在生长期70d左右植株就会衰老，苗床植株叶黄枯衰，提前进入收获期，这样的状况虽有微型薯收获，但是达不到高产的目的。

棚内湿度要求。苗子在发根期，除了苗床底水需充盈外，小棚内苗床的相对湿度还应保持在90%～95%之间，有利于发根，用手轻轻拍打薄膜，以能往下滴水为佳，这样的状态需保持一周左右，植株根系抱团后，就可以掀掉薄膜，逐渐通风，与周围环境一致。当植株生长封垄后，看不见培养基质，需给予较强通风和充足的阳光，降低湿度，这是确保植株健康生长不感染真菌病害的有效措施。

在收获前期，应尽量通风，降低湿度，3分地的标准大棚喷浇水或营养液的量由600～800L，渐渐减至300～400L，让薯皮渐渐木质化，多多累积干物质，以防收获时微型薯破皮，造成储藏期失水。通常蛭石颜色发浅变亮，微型薯薯块不粘或少粘蛭石或其他培养基质时，可彻底停水两周左右然后收获。

综上所述，喷浇水量和湿度，需因地制宜，根据当地的气候条件，来满足微型薯整个生长期的需求，一是苗床底水浇好是基础；二是苗子发根期需充盈的水和相对高的湿度；三是植株起身长到12cm多时，少给水降低湿度，渐渐进入蹲苗期；四是微型薯膨大期不能缺水，随着薯块不断膨大，水量要减少，次数要不断增加；五是注意收获前合理地逐渐停水。

4.4.4　营养液和施肥

马铃薯脱毒微型薯的生产过程是农业生物技术与无土栽培相结合的技术，本节重点叙述无土栽培中营养液的使用。通常企业需成本核算，自己配制营养液的物质成本低于市场上的现成合成好的肥料的成本，同时，可根据苗子的长势，随机增加所需的肥料元素。

通常组培苗扦插苗7～10d内长根，长根后用半量MS营养液浇灌，逐步过渡到用全量营养液，或遇到阴天蒸腾量小、苗子生长需要营养时，可以浇双倍的营养液，然后轻轻地过一遍清水。植株生长期采用MS营养液配方，结薯期采用K5营养液配方。根据天气情况和苗的长势交替浇清水与营养液。以1200L的容器为例，配制单倍或双倍营养液。营养生长期使用的MS营养液（pH值5.8～6）见表4-1。

表4-1　MS营养液

顺序	成分	用量 /（mg/L）	单倍用量 /（g/1200L）	双倍用量 /（g/1200L）
1	KNO_3（硝酸钾）	1900	2280	4560
	KH_2PO_4（磷酸二氢钾）	170	204	408
	NH_4NO_3（硝酸铵）	1650	1980	3960
	$MgSO_4 \cdot 7H_2O$（硫酸镁）	370	444	888
2	$CaCl_2$	332	398.4	796.8
	或 $CaCl_2 \cdot 2H_2O$（氯化钙）	440	528	1056
3	$MnSO_4 \cdot 4H_2O$（硫酸锰）	22.3	26.76	53.52
	$ZnSO_4 \cdot 7H_2O$（硫酸锌）	8.6	10.32	20.64
	H_3BO_3（硼酸）	6.2	7.44	14.88

续表

顺序	成分	用量 /（mg/L）	单倍用量 /（g/1200L）	双倍用量 /（g/1200L）
3	NaMoO$_4$·2H$_2$O（钼酸钠）	0.25	0.3	0.6
	CuSO$_4$·5H$_2$O（硫酸铜）	0.025	0.03	0.06
4	FeSO$_4$·7H$_2$O（硫酸亚铁）	27.8	33.36	66.72
	EDTA-2Na（乙二胺四乙酸二钠）	37.3	44.76	89.52

MS营养液主要用于苗期，可根据苗子早期的长势，在每升营养液中加75 ～ 100mg尿素。

微型薯膨大期使用的K5营养液（pH值5.8 ～ 6）（表4-2），以每次浇液1200L为例。

表4-2　K5营养液

顺序	成分	用量 /（mg/L）	单倍用量 /（g/1200L）	双倍用量 /（g/1200L）
1	KNO$_3$（硝酸钾）	1000	1200	2400
	KH$_2$PO$_4$（磷酸二氢钾）	300	360	720
2	MgSO$_4$·7H$_2$O（硫酸镁）	500	600	1200
	NH$_4$NO$_3$（硝酸铵）	167	200.4	400.8
3	Ca(NO$_3$)$_2$（硝酸钙）	100	120	240
4	MnSO$_4$·4H$_2$O（硫酸锰）	22.3	26.76	53.52
	ZnSO$_4$·7H$_2$O（硫酸锌）	8.6	10.32	20.64
	H$_3$BO$_3$（硼酸）	6.2	7.44	14.88
	Na$_2$MoO$_4$·2H$_2$O（钼酸钠）	0.25	0.3	0.6
	CuSO$_4$·5H$_2$O（硫酸铜）	0.025	0.03	0.06
5	FeSO$_4$·7H$_2$O（硫酸亚铁）	28	33.6	67.2
	EDTA-2Na（乙二胺四乙酸二钠）	37	44.4	88.8

根据品种特性，在微型薯出匍匐茎过渡到膨大期时需适当增加钾和钙，钾和钙供给充分，在同样条件下，结出的微型薯块饱满、耐储存，并可减少氮肥的供应。总之需根据马铃薯对氮、磷、钾的需求为1∶0.5∶2来调整施肥方案，达到节肥高产的目的。

配营养液大量元素时，化学试剂需提前称好分装在塑料袋内，放置在周转箱内，随用随拿。微量元素可以配成母液，使用时随时量取。在配制营养液时，按照配方中所标的顺序陆续放入水溶液中溶解，搅匀，呈浅蓝绿色，pH值在5.8～6.8之间。

在配制营养液时，需注意螯合铁配制过程和时间（详细内容请参考第3章马铃薯组织培养3.8.7节组培苗叶片发黄），在无土栽培中，也常常需把硫酸亚铁与乙二胺四乙酸二钠螯合形成乙二胺四乙酸二钠铁，现配现用。若购买现成商品的螯合铁，应注意储存条件。植株缺铁表现为叶肉渐渐变黄，叶脉发黑（图4-24）。

图4-24　植株缺铁症状

4.4.5　水的pH值和EC值

如果在略有盐碱的区域采用无土栽培生产微型薯，使用地下水或就地取湖河水，尤其在旱季，水的pH会偏碱，水的EC值偏高（常用单位μs/cm），达到三位数，不仅不利于植株对养分的吸收，而且影响扦插苗生根。EC值是用来测量溶液中可溶性盐浓度的，亦可以用来测量液体肥料或种植介质中的可溶性离子浓度。因此，在移栽扦插苗时，尽量少用肥，等发根后，施浇营养液，随着营养液喷浇次数增多，EC值逐渐增高。建议水源不稳定的区域，在温室和大棚周围装上水处理设备，投资不大，每小时净化水量3t的水处理设备每套3～4万元，经过处理的水EC值在16左右，pH值在6.5左右，是无土栽培理想的水源。无论是浇水还是浇营养液，pH值在5.5～6.8之间，最佳pH值在5.8～6.0。pH值过低，氢离子起拮抗作用，影响植株对钙的吸收，从而使其他元素吸收受阻；pH值过高或EC值过高会导致铁、锰、铜和锌等元素的沉淀，影响植株对元素的吸收，植株不长高，茎间缩短，叶色暗绿，结薯匍匐茎短，早晨观察植株没有或很少有吐水现象（图4-25、图4-26）。

图4-25 早期症状

图4-26 pH过高植株后期症状

　　如果水的pH值和EC值合适，则植株吸收正常，生长良好。早晨观察植株是否有吐水现象，从吐水现象也能判断植株的营养输送是否正常，图4-27为生理代谢正常的植株。通常生长期达到70天左右，植株叶面仍吐水现象良好，说明植株根系生长良好，这类苗床的产量高（图4-28）。植株有吐水现象需要根系养得好，有较高的根压，营养液、温度、水分均平衡。

图 4-27　生理代谢正常的植株　　图 4-28　生长期 70 天左右的植株有吐水现象

4.4.6　空气

　　苗期要搭小拱棚，保持湿度和温度，增加二氧化碳浓度，弥补长根期光合作用的缺失。植株的气孔主要位于叶片表面，是植物与外界环境之间进行气体交换的通道。通过气孔进出植物体的气体成分主要有二氧化碳、氧气和水蒸气，这些气体是植物进行光合作用、呼吸作用以及蒸腾作用等基本生理活动的原料或者产物。

　　植株生长期和结薯期，均要保持良好的通风条件，减少病害的侵染。晚间温度偏低时，关闭温室、大棚门窗或盖上苗床小棚薄膜，留住二氧化碳。二氧化碳对植物生长至关重要，植物叶片气孔从环境中吸收二氧化碳储存在叶绿体内，由光合作用将其转化为蛋白质和糖分从而使植物生长坚挺，同时帮助植物吸收氮和磷。植株器官中，水和碳元素占了99%，倘若在缺少二氧化碳的环境下，植株生长缓慢，最后会耗尽能量早衰。温室大棚晚间密闭状态下二氧化碳浓度在0.04%，中午若依然处于密闭状态下二氧化碳浓度最低，为0.0075%，需及时开窗换气，使二氧化碳浓度上升至0.03%。若二氧化碳浓度在0.01%，呈欠缺状态，不能满足光合作用的需求。据文献报道，二氧化碳浓度从0.03%、0.09%、0.15%逐渐过渡到0.21%，随着二氧化碳浓度逐步升高，光合强度就随之增强。在实际生产中，当外界温度低于12℃时，关闭门窗通风口，晚间盖膜和无纺布，大棚密闭可留住二氧化碳。棚内的不盖膜和无纺布的苗床与有覆盖物苗床的二氧化碳的浓度是不一样的，盖膜的植株长势优于不盖膜的，因此，温度低加覆盖物不仅能抵御低温，而且可增加二氧化碳浓度，增强光合作用。

4.5 微型薯的病虫害防治

整个微型薯生产过程中，对病虫害应以防为主，不能出现症状再治理，通常每天清晨需巡视生产区域，观察是否有异常情况，以便及时采取措施。每隔7～10d用一次药，苯醚甲环唑（世高）和百菌清（达科宁）防早疫病，嘧菌酯（阿咪西达）、烯酰·吡唑酯（凯特）、氟菌·霜霉威（银法利）、丙森锌（安泰生）、唑醚·代森联（百泰）等防晚疫病，用代森锰锌、精甲霜·锰锌等防半知菌。农用链霉素和中生菌素防治细菌性病害。喷施农药通常安排在浇水或浇营养液之后，如上午安排浇水或浇营养液，浇完液需通风，降低棚内湿度，下午4点喷施农药。若遇到连续阴雨天，又到了喷施农药的时间，若水剂喷施造成湿度过大，可以采用杀菌剂加适量的水拌在蛭石内撒在植株叶片上的方法，能有效地防治真菌病的侵染（图4-29、图4-30）。通常温度在22℃左右，相对湿度在85%，非常有利于真菌的侵入，遇这类气候条件一定要预防在前。

图 4-29 杀菌剂拌蛭石　　　　图 4-30 植株叶片上撒拌过药的蛭石

4.6 生长异常的案例分析

4.6.1 氮肥过量

图4-31为马铃薯氮肥过量时的生长形态。

图 4-31 氮肥过量现象

有时在肥料的选择上有误差，会造成秧子旺，结薯晚，地上部分生长肥大，叶色深绿，但是养分不能充分转化到地下部分的块茎上。使用氮肥时，需注意硝态氮与铵态氮的用量，硝态氮有利于固体基质栽培的秧苗吸收，移动范围大，深度分布均匀利于深层根吸收，吸收后储存于叶片等器官。硝态氮以负电荷形态存在，中微量元素以正电荷形态存在，异性相吸，硝态氮能促进中微量元素吸收，有改良基质的作用。铵态氮有利于无基质水培的秧苗吸收，移动范围小，利于表层根吸收，吸收后不能储存在植物体内，过量会造成叶片斑点或黄化等氨中毒。铵态氮以正电荷形态存在，同性相斥，不利于中微量元素吸收，容易使基质板结。因此，在苗期可适当使用铵态氮，整个生长期要合理使用铵态氮和硝态氮。

4.6.2　缺微量元素

图4-32为苗期表现出的缺微量元素症状，叶脉颜色深，叶肉色浅绿而偏黄，这类苗通常是采用氮、磷、钾复合肥，硫酸钾，硝酸钙镁等，而疏忽了使用微量元素，出现此症状需及时喷施锰、锌、硼、钼和铜等微量元素（用量可参照本章第4.4.4节中MS营养液顺序4的配方），也可以从农用物资供应商处购得微肥，及时补充所需元素，植株缺素症状会有所改变，从而恢复正常生长。

图4-32　苗期缺微量元素

图4-33为微型薯生长后期，表现出的缺微量元素症状的苗床，症状为叶脉颜色深，叶肉褪绿。这类现象通常发生在高架苗床上，微型薯膨大期，遇到白天温度过高，要通过不断喷淋清水达到降温的目的，然而这样会使本来储备不足的肥力，随喷淋水流失，植株表现出缺少必需生长元素的症状，而肥水流入地面，苗床的地面长满了绿苔。要改善这类状况，一是要补施微量元素，二是在温度偏高、太阳光强烈时，上午10点左右到下午2点前要给温室或大棚拉上遮阳网，或打开四周装有纱网的门窗，起到降温的作用，这样可以不完全依赖喷雾清水降温，这样后期缺素的植株能正常结薯块，但是薯块不够饱满，在储存时，易出现生理缺陷。

图 4-33　微型薯膨大后期缺微量元素

4.6.3　肥害

　　叶片肥厚不舒展，叶肉的颜色不均匀，有条斑色差（图4-34），主要原因是管理太粗放，粗放撒肥，撒肥偏多。这种情况，只能多喷淋水，稀释肥料，等新生长的心叶舒展没有色差了，就可以进入正常管理了。

4.6.4　缺水造成卷叶和失水萎蔫

　　缺水易造成植株卷叶［图4-35（a）］和萎蔫［图4-35（b）］。

图 4-34　肥害症状

（a）卷叶　　　　　　　　　　（b）萎蔫

图4-35　缺水造成的症状

这种状况通常是两种情况造成的：一是在苗床准备时，底水不均，这一块苗床水没有浇到位，浇得不透，水没有渗到最底层。二是发根起身后水浇得不匀，有漏浇的区域，造成苗床部分区域缺水。出现这种状况，需及时连续补水多次，才能使整个苗床的小植被一致，便于管理。在缺水的区域单独补浇水，并在上方搭膜，坚持一周后，矮苗植株生长会赶上来（图4-36）。

图4-36　单独补水搭膜补救

图 4-37　薯块膨大期缺水现象

图 4-38　植株抑制剂用量不当造成伤害

植株在薯块膨大期缺水（图4-37），叶片萎蔫，需在傍晚及时补上适量的水，植株渐渐恢复正常。不能猛灌水，灌水过多会伤害根系，造成植株早衰，在水管理上，植株过干脱水，又忽然浇水过多会造成薯块畸形。

4.6.5　苗水分和光照管理不到位

植株若水分、光照管理不恰当，易发生苗子叶薄、茎秆不挺拔、植株徒长现象，之后可使用植株抑制激素控制株高，但是用量若掌控不正确，植株易受害（图4-38）。

在整个微型薯生长期间，通常要在生根期用少量低浓度植株生长激素刺激苗发根健壮，其他生育期均不采用任何植株激素。根据植株的株高在不同生育期蹲苗，为其提供足够的光照，控制浇水量，诱导匍匐茎产生。一旦植株进入膨大期，植株的株高生长就缓慢，叶片光合作用的产物能正常输送到地下部分的块茎上。通常一般植株株高在20～25cm时，

12～14片叶就能结出2粒5g左右的微型薯，叶面积指数在5～6。由于微型薯生产基质成本比较高，一定要掌控好地上部分与地下部分生长的平衡，例如Lady Rosetta品种，扦插15d后，及时蹲苗，可见匍匐茎（图4-39），此时看生长点，如果营养体的生长很有潜力，说明根系好，此时，地下部分匍匐茎需膨大，肥水一定要跟上，给予充足的阳光，营养体与薯块会同时生长，这类苗就不会徒长，到收获时，正常情况下植株营养体的重量与微型薯的薯块重量比为1∶1.8（图4-40）。

图 4-39　诱导匍匐茎

图 4-40　管理到位的植株

4.6.6　温差造成植株生长点灼伤

此种生长点灼伤通常发生在早春，温室或大棚内温度在20℃左右，外界引进喷浇的水或液体肥温度偏低，在强光下浇液会造成生长点嫩叶的灼伤（图4-41）。在这种情况下，选择温室温度和水温相对比较接近的时机浇液是比较合适的。

图 4-41　温差造成植株生长点灼伤

4.6.7　通风不当造成幼苗灼伤

当温室或大棚温度在20℃左右时，外界温度偏低且有风，过早直接打开温室门窗通风，外界冷风会将幼苗叶片缘吹干使其失水（图4-42）。可以把小拱棚的膜掀开二分之一，挡住风口，使大棚内与外界温度缓缓平衡（图4-43）。

图 4-42　通风不当造成幼苗灼伤　　　图 4-43　小拱棚膜掀开二分之一

4.6.8　苗期低温缺水导致生长异常

图4-44为苗龄30天左右的苗子在低温缺水下的症状，这类苗遇到低温，植株生长点平，但地下部分已形成匍匐茎，若不采取措施会过早进入膨大期，引起早衰，没有产量。需及时喷浇全营养的肥水，多加些氮肥提苗子的高度，主要是盖上小棚膜提高温度，同时苗床注意补水，保持基质水分充盈而不积水。若觉得株高不够，早上10点前和下午4点后要盖膜。图4-44的植株在保温、保湿和保肥管理下，8天后的长势见图4-45。此时，地下匍匐茎渐渐膨大，地上部分和地下部分同时生长，在正常管理的情况下，确保温度、肥水适宜，可获得高产。

图 4-44　苗龄 30 天苗子低温缺水的症状　　　图 4-45　加强管理 8 天后的长势

4.6.9　阴天露珠使叶片上产生斑点

遇到阴天早晨的露珠不能及时被蒸发，光照透过水珠，此时有水珠的叶片与没有水珠的叶片光合作用是不一致的，因此，有水珠的叶片会形成浅黄色的斑点（图4-46），天气发生变化，大部分浅斑点随着生长就消失了。也有受温度和光照的影响，斑点处不能正常生长，形成小枯斑（图4-47）的情况，这类情况发生得比较少，需仔细连续观察，注意防范。

图 4-46　阴天露珠使叶片产生斑点　　　图 4-47　斑点形成小枯斑

4.6.10 组培苗移栽深度对发根的影响

在移栽时，有一种移栽方法是以植株上端生长点找齐，其余部分都埋在蛭石里。这类栽培方法，有些移栽苗基础好，能正常发根，正常生长，然而，植株没有那么多养分使埋在蛭石内的茎节都产生匍匐茎形成微型薯，因此没有必要把植株种得很深，影响植株的生长速度（图4-48）。另有些苗尤其是采用撒苗方法分的组培苗，在洗苗时，把根扯断了，移栽后植株埋得深，发根慢，不能很好地形成根系，不能正常生长，只结一个小薯（图4-49）。

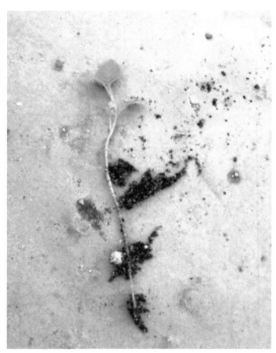

图 4-48　根栽得太深，影响植株生长　　　　图 4-49　只结一个小薯的植株

4.6.11 组培苗苗龄对发根的影响

要生产出规格大、质量好的微型薯需从组培苗做起，除了组培苗要达

到有根、茎、叶，植株挺拔的标准外，还需控制移栽组培苗的苗龄，通常苗龄在 18～22d 之间是比较理想的。图 4-50 为老龄苗和适龄组培苗同一天移栽后的对比。适龄组培苗移栽后发新根快，苗床上的小植被是一致的，整齐好管理，右面是适龄苗，左边苗是老龄苗。老龄苗移栽时，更需要注意保温和保湿，否则很容易在根部形成小薯，影响植株的正常生长。

图 4-50　适龄苗和老龄苗移栽对比

适龄苗（右）；老龄苗（左）

4.6.12　苗床存水，浇水过大导致生长异常

若苗床设计不合理，地势过低，倒灌水，或水喷浇过量，苗床底部有存水现象，会造成根系通透不好而窒息，影响植株对养分的吸收，叶片会内卷，叶色微黄（图 4-51）。假如在薯块膨大期遇到存水现象，会增加感染疮痂病的机会。

图 4-51　水过多造成的症状

4.6.13　温度高，水浇得偏多导致生长异常

若温度高且水浇得偏多，则匍匐茎伸长，迟迟不膨大，外翻到床面（图4-52）。植株没有过渡好蹲苗期，需少浇水，加强通风，降低晚间温度，增大温差，进行短日照培养，使匍匐茎顶端膨大形成薯块。匍匐茎、块茎和地上茎在一定的环境条件下，能够互相转化。例如地上叶腋处的侧枝在低温缺水时可形成气生薯块，水大和高温会造成匍匐茎长出带有绿叶的枝条，具有地上茎的很多特性。适时栽种、水和温度管理是至关重要的。

4.6.14　低温高湿导致生长异常

叶片是植物进行光合作用、蒸腾作用和合成有机物质的主要器官，当生长温度过低和环境湿度过高时，叶片细胞不能正常增殖，形成浅奶黄的愈伤颗粒，影响了正常的生长（图4-53）。这种情况，加强通风、增强光照和提高温度，这类小浅奶黄颗粒会脱落，生产点长出正常叶片，属于植株的生理伤害，不必喷施任何农药。

图 4-52　匍匐茎外翻到床面

图 4-53　低温高湿造成的症状

4.6.15 气生薯

马铃薯的块茎是茎的一种变态，通常由其地下匍匐茎的末端在适宜的内外环境条件下膨大而成。在微型薯生产中，当生长温度偏低、缺水和短日照时，植株内源激素的平衡关系发生改变，髓部、木质部和韧皮部的薄壁细胞强烈分裂，碳水化合物开始积累，造成茎节部膨大形成气生薯（图4-54）。大棚和温室管理需勤观察，发现茎节处有鼓起，这是形成气生薯的预兆，需及时提高生长环境的温度，如用小拱棚加一层膜增温，另外需浇水增加基质的含水量，当温度提高、基质含水量增大时，茎器官可以逆转，重新转回植株营养生长（图4-55），有的甚至可以使气生薯停止生长、干瘪，植株叶片光合作用的产物正常送达地下部分，产生正常的匍匐茎，膨大形成薯块。气生薯的出现与温度、湿度和养分的累积密切相关。

图4-54　气生薯　　　　　　　　图4-55　植株重新转回营养生长

4.6.16　根据植株的长势判断生长环境温度是否偏低

当观察到植株叶片下垂时（图4-56），说明目前温度比植株生长所需温度低了，就得设法提高温度。

图4-56　低温症状

4.6.17　药害

一类是含有生物制剂农药的药害症状（图4-57），采用未知的农药必须先做预备试验，以免造成对植株的伤害。

另一类是纯化学农药造成的药害（图4-58）。微型薯生产过程中，均配

图4-57　生物农药药害症状

图4-58　化学农药药害症状

有园艺设施进行保护，要达到优质高产，关键在管理的细节上不能太粗放，需有规律地进行定时和定量的管理。

4.6.18 移栽苗感染丝核菌

主要在苗期，植株茎秆靠近基质的地上部位先感染，茎秆表皮早期表现出水浸状，不及时用药，茎秆腐烂，露出微管柱变成白茎秆，最终植株猝倒死亡（图4-59）。这类真菌病需早发现、早预防，采用咯菌腈（适乐时）能有效地防治这类疾病。预防措施：采用干净的培养基质，基质堆放时不要露天长时间堆放，采用三合一培养基质的需注意草炭内是否带菌。

图4-59 苗期丝核菌感染症状

4.6.19 微型薯块茎畸形

上面两粒微型薯为正常薯形，下面两粒略显畸形（图4-60）。其主要原因是温度忽低忽高和苗床缺水又突然水分充盈。当薯块已形成并不断膨大时，进入结薯期，

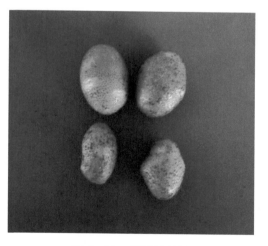

图4-60 薯形的差异

突然低温，苗床缺水，块茎就停止生长，表皮逐渐老化。若干天后气温忽然提升到适合块茎膨大的温度，然后又浇透一遍水，此时，没有完全老化的芽体恢复生长，就会形成不同形状的畸形薯。在管理中，需按照微型薯

生长节奏来管理，采用可利用的园艺设施来满足植株不同阶段的生长需求。

4.6.20　微型薯生理缺陷

　　由于生育期时间短，没有正常过渡到收获期。收获时，微型薯块的脐部与匍匐茎没有达到自然成熟脱落的程度，薯块表皮色浅而嫩，韧性小，淀粉累积不够，老化程度不达标。这类嫩薯块在储存期，皮孔凹陷发红，切开薯肉正常，属于薯块不成熟（图4-61）。通常天气发生了突然的寒流冷冻，地上部分的植株会发生冻害，薯农担心冻坏薯块，立刻就收获，没有逐渐停水让表皮老化和累积干物质的过程，从而致使微型薯收获时，块茎不饱满（图4-62）。

图 4-61　块茎成熟度差　　　　　　　　图 4-62　块茎不饱满

4.6.21　收获时微型薯块带芽

　　由于持续高温，块茎的顶端发生了变化，从芽眼长出短粗的茎叶（图

4-63）。当温度高于28℃时，茎块已停止生长，输送到块茎里的养分反而用于芽的生长，持续高温、较缺水的苗床尤为明显。

4.6.22　疮痂病

微型薯块表面先产生褐色小点，扩大后形成褐色圆形或不规则形大斑块。早期皮孔外翻细胞木栓化，导致表面粗糙，后期中央稍凹陷或凸起形成疮痂状硬斑块，病斑仅限于皮部，不深入薯内（图4-64）。疮痂病菌属放线菌中的疮痂链霉菌，喜中性或微碱性的环境，在微型薯生产中比较少发生，只是当块茎在膨大期，浇水过多，苗床存水时间较久，影响了薯皮的呼吸，使薯块皮孔外翻，较嫩薯皮尚未木栓化，易被疮痂链霉菌感染。当浇水均匀、基质通透性好、皮孔不缺氧时正常生长，块茎表面木栓化后，侵入则较困难。凡是发生过疮痂病的苗床，收获后需用生石灰消毒，彻底杀死疮痂链霉菌，否则，每年均会在原来的地方再发病。

图4-63　收获前遇到高温产生无效茎叶

图4-64　疮痂病

4.6.23　微型薯块茎糖末端

微型薯块茎糖末端又称糖尾或干瘪尾，是一种严重的生理缺陷。在微型薯生产中，首先要满足不同品种所需生育期的时间，收获前期的管理要

图4-65　块茎糖末端症状

到位。通常在收获前20天，水渐渐减量，直到完全停水，让薯块外形不再膨大，营养物质流向薯皮，薯皮变厚，整个薯块均匀地渐渐木栓化，这样收获的薯块不会出现糖末端，也耐储存。假如在收获前，水量忽多忽少，尤其是苗床缺水，基质已经变干，微型薯块薯皮开始增厚，过渡到木栓，等待收获。此时，如果管理人员又浇一遍大水，温度也合适，薯块从末端开始再次生长，将薯块脐部又膨大长出一小

段，但是膨大的部分干物质累积不够，薯皮嫩，呈半透明水渍。收获后储存约两周后，块茎脐部软化，逐渐脱水皱缩，变成难看的干瘪状。在储存期间糖末端容易感染仓储病害，造成损失（图4-65）。

　　另外块茎膨大期间受高温影响，温度持续高于25℃，导致营养物质输送受阻或不足，糖分在薯块脐部积累，未能转化成淀粉，致使脐部糖分增高。块茎在膨大过程中，组织细胞分裂增强，细胞迅速增长，吸水力迅速加大，因此对营养物质的需求急剧增加，而光合产物不足，会使块茎尾部的淀粉水解为糖，从而造成尾部糖分增加，水分相对较大，从而使块茎尾部变甜并水渍化。

4.6.24　储存时缺氧的微型薯

图4-66　微型薯储存缺氧症状

　　早期薯块外表无任何表现，切开块茎内部薯肉呈现不规则花纹黑色症状。后期严重时黑色向外扩散，整个马铃薯变黑（图4-66）。

这是马铃薯块茎内部缺氧所引起，马铃薯储藏时，储藏库过于密封，或薯块装箱装得过紧，堆码过大，造成通气不好，引起供养不足而发生缺氧情况。

4.6.25　储存时受冷害的微型薯

不适宜的储存温度易对马铃薯造成伤害。一般马铃薯的冷害在 0.5 ℃左右，较长期储藏在这个温度界限下，会发生微型种薯冷害。一般马铃薯的冰点温度约为 -0.6 ℃，不同的品种冷害的反应略有差异，冷害的症状主要表现为从表皮往薯肉内部发展，薯皮、薯肉生褐变，渐渐腐烂（图4-67），薯粒外表发黏，低温造成淀粉转化成还原糖，薯肉变甜。在外界温度降至 0 ℃以下时，储藏的马铃薯必须要注意保温，严防冷害、冻害的发生，2～3 ℃的储存温度可以保证种薯的种用质量。

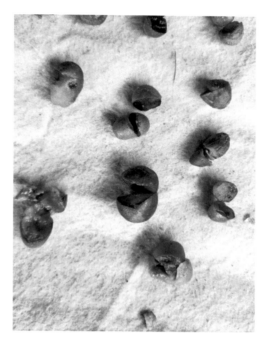

图 4-67　微型薯储存受冷害症状

参考文献

[1] 黑龙江省农业科学院马铃薯研究所. 中国马铃薯栽培学 [M]. 北京：中国农业出版社，1994.

[2] 门福义，刘梦芸. 马铃薯栽培生理 [M]. 北京：中国农业出版社，1995.

[3] Luis F. Salazar. 马铃薯病毒病及其防治 [M]. 北京：中国农业科技出版社，2000.

[4] 山崎肯哉. 营养液栽培大全 [M]. 北京：北京农业大学出版社，1989.

[5] 连兆煌等. 无土栽培原理与技术 [M]. 北京：中国农业出版社，1996.

[6] 白艳菊. 马铃薯种薯质量检测技术 [M]. 哈尔滨：哈尔滨工程大学出版社，2016.

[7] 袁华玲，金黎平，黄三文，等. 硫代硫酸银对二倍体马铃薯试管苗生长和生理特性的影响 [J]. 作物学报，2008，34（5）：846-850.

[8] GB 18133—2012 马铃薯种薯 [S].